UNIVERSITÉ DE BESANÇON

INSTITUT DE GÉOLOGIE ET DE MINÉRALOGIE

E. FOURNIER, professeur

PALÉONTOLOGIE

TABLEAUX DE CLASSIFICATION

A L'USAGE DES

CANDIDATS AU CERTIFICAT D'ÉTUDES SUPÉRIEURES

DE GÉOLOGIE

ET AU DIPLOME SUPÉRIEUR

INVERTÉBRÉS

BESANÇON

TYPOGRAPHIE ET LITHOGRAPHIE JACQUIN

1910

UNIVERSITÉ DE BESANÇON

PALÉONTOLOGIE

TABLEAUX DE CLASSIFICATION

A L'USAGE DES

CANDIDATS AU CERTIFICAT D'ÉTUDES SUPÉRIEURES DE GÉOLOGIE

ET AU DIPLÔME SUPÉRIEUR

I. — DIVISION DU RÈGNE ANIMAL EN EMBRANCHEMENTS

PROTOZOAIRES. — Animaux unicellulaires, sans tissus différenciés, parfois réunis en colonies.

SPONGIAIRES. — Animaux polycellulaires fixes, traversés par des canaux où circule l'eau. Squelette calcaire, siliceux, corné ou nul, tissus mésodermiques.

CŒLENTÉRÉS. — Animaux gastrulaires, à symétrie rayonnée.

ECHINODERMES. — Animaux à symétrie rayonnée, à squelette externe, tube digestif, appareil aquifère, système nerveux distinct.

PLATHELMINTHES. — Vers parasites, actuels.

NÉMATHELMINTHES. — Corps divisé en segments, chaine ganglionnaire.

VERS CILIÉS. — Symétrie bilatérale, cavité générale distincte, une paire d'organes excréteurs par segment. (**Lophostomés** et **vers annelés.**)

MOLLUSQUES. — Symétrie bilatérale, non segmentés, manteau, coquille, pied ; quatre paires de ganglions.

ARTHROPODES. — Animaux segmentés, symétrie bilatérale, système nerveux ventral. Corps recouvert de chitine, appendices articulés.

VERTÉBRÉS. — Symétrie bilatérale, squelette interne, métamérisation, système nerveux dorsal.

1

EMBRANCHEMENT DES PROTOZOAIRES

CLASSIFICATION DE L'EMBRANCHEMENT DES PROTOZOAIRES

I. — CYTODAIRES *Cortiqués.* Membrane d'enveloppe.	INFUSOIRES.	Parasites.	**Tentaculifères.** **Ciliés.**
		Pélagiques.	**Cystoflagellés.** **Cilioflagellés.** **Flagellés.**
	SPOROZOAIRES.	Grégarines.	**Monocystidés.** **Polycystidés.** **Coccidies.**
		Sporidies.	**Myxosporidies.** **Sarcosporidies.** **Microsporidies.**
	? DICYÉMIDES.		
II. — SARCODAIRES *Rhizopodes* ou Nus.	Nuclées.	RADIOLAIRES ou VÉSICULAIRES.	**Radiolaires.** Squel. siliceux ou nul, marins. **Héliozoaires.** Anim. d'eau douce, squel. siliceux.
		FORAMINIFÈRES.	**Test calcaire.** **Test siliceux.** (Rarement.)
		AMOEBIENS.	**Thécamibiens.** **Gymnamibiens.**
	Innuclées.		**Monériens.**

L'ensemble des Foraminifères se groupe en :

FORAMINIFÈRES
{ THALAMOPHORA. { I. Perforés.
{ II. Imperforés.
{ III. AMOEBINA.

CLASSIFICATION DES FORAMINIFÈRES

I. — PERFORÉS

NUMMULINIDÆ.
Test. calc., fins canaux,
tous embrassants,
septa transversaux.
- Orbitoïdes.
- Orthophragmina.
- Cycloclypeus.
- Nonionina. *Reticulatæ.*
- Polystomella.
- Nummulites. *Sinuatæ.*
- Operculina.
- Hemistegina. *Radiatæ.*
- Amphistegina.
- Archeodiscus.

FUSULINIDÆ.
Sym. bilat., chambres s'étend.
d'un bout à l'autre de l'axe.
- Hemifusulina.
- Schwagerina.
- Fusulina.
- Fusulinella.
- Doliolina.
- Sumatrina.

ROTALIDÆ.
Gros canaux, loges spiralées,
communiq. par des fentes.
- Orbitolina.
- Calcarina.
- Planorbulina.
- Rotalia.
- Involutina.
- Spirillina.

GLOBIGERINIDÆ.
Loge unique ou loges
spiralées, pas de canaux.
- Pullenia.
- Globigerina.
- Orbulina.

TEXTULARIDÆ.
Test. calc. ou arénacé, loges
sur deux rangs ou en spirale.
- Tetrataxis.
- Valvulina.
- Cassidulina.
- Textularia.
- Bulimina.

CHILOSTOMELLIDÆ.
Etroits canalicules logés sur
deux ou trois rangs.
- Chilostomella.

LAGENIDÆ.
Ouverture simple ou radiée
terminale, pas de canaux.
- *Nodosarina.*
  - Cristellaria.
  - Dentalina.
  - Nodosaria.
- Lagena.

II. — IMPERFORÉS

Porcellanea.

MILIOLIDÆ.
Test calc. rarem. chitineux,
pluriloculaires.
- Biloculina, etc.
- Miliola auct.

PENEROPLIDÆ.
Plusieurs loges de front,
deux directions d'accroiss.
- Peneroplis.
- Orbitolites.
- Alveolina.

CORNUSPIRIDÆ.
Uniloculaire ou loges
bout à bout.
- Vertebralina.
- Cornuspira.

Agglutinantia.

PARKERIDÆ.
Sphériques ou fusif.
- Parkeria.
- Loftusia.

LITUOLIDÆ.
Gros canaux, septation
imparfaite.
- Lituola.
- Nodosinella.

ASTRORHIZIDÆ.
Test boueux ou sableux,
dissymétrique.
- Saccamina.
- Girvanella.

Chitinosa.
ou GROMIDÆ.
- Gromia; eau douce.
- Lieberkuhnia.
- Lagynis. } Actuels.

III. — AMOEBINA
- Coccosphères.
- Coccolithes.
- Rhabdolithes.

IV. PROBLÉMATIQUES ? **Eozoon** (pars ? ?). Probablement inorganiques.

CLASSIFICATION DES RADIOLAIRES

ASKELETA
Pas de squelette. } **Thalassicola** act.

SPUMELLARIA
Capsule centrale percée finement.
Squel. sphérique ou aplati.

Sphæridæ.
Squelette sphérique.
{ **Aulosphœra**, sphère creuse.
Heliosphæra, 1 sph.
Stylosphæra, 2 sph.
Actinoma, 3 sph.

Discidæ.
Squelette aplati discoïde.
{ **Spongocyclia** circul.
Stylodyctia, prolongem. radiaires.
Astromma, lobé.

NASELLARIA
Pores sur un champ limité.

Spyridæ.
Treillis continu, deux chambres symétriques.
} **Petalospyris**.

Cyrtidæ.
Squel. treillissé en plusieurs chambres non sym., campanuliformes.
{ **Anthocyrtis**, 3 segm.
Stilocapsa, 6 segm.
Lithocampe, 24 segm.

PHEODARIA
Capsule centrale avec quelques grandes ouvertures.
} Strephidæ.

ACANTHODESMIDÆ. — Bâtonnets peu nombreux, formes pyramidales. **Dictyocha**.

SPONGURIDÆ. — Squelette spongieux. **Spongodiscus**.

LITHELIDÆ. — Squelette sphérique ou ellipsoïde, disques parallèles.

SPICULOSA. — Spicules non soudés.

ARTHROSKELETA. — Parties isolées rayonnantes.

DIPLOCONIDÆ. — Squel. non treillissé à deux larges ouvertures, formés de deux cônes tronqués.

ASTROLITHIDÆ. — Vingt piquants soudés au centre par de la silice.

CLASSIFICATION DES SPONGIAIRES

I. — CALCISPONGES Spicules calc. droits à 3 ou 4 branches, jamais unis en réseau.	? ARCHÆOCYATHIDÆ. (Cambrien.)	**Archæocyathus.** **Coscinocyathus.** **Ethmophyllus.**
	HOMOCÈLES. Cavité gastrique entièrement tapissée de cellules à collerette (choanocytes).	Inconnus à l'état fossile.
	HÉTÉROCÈLES. Choanocytes localisés dans les canaux radiaires.	PHARETRONES, éponges à parois épaisses, fibres grossières, canaux ramifiés. SYCONIDES. LEUCONIDES.
II. — FIBROSPONGES Éponges cornées siliceuses ou dépourvues de squel.	HEXACTINELLES ou HYALOSPONGES. Spicules dérivant tous d'un type à trois axes rectangulaires.	**Protospongia.** **Sphærospongia.** **Dictyonina.**
	TÉTRAXONIDES (**Choristidés** et **Lithistidés**) Mésoderme compact avec ou sans fibres de spongine, spicules nuls ou à quatre axes, quelquefois réduits à deux ou à un.	**Jerea,** **Tremadyctyon,** **Guettardia.** A ce groupe se rattachent les éponges *perforantes*, les éponges *cornées* (*cératosponges*) et les éponges *gélatineuses* (*myxosponges*).
	OCTACTINELLES. Spicules à huit branches dont six dans le même plan.	**Astræospongia.**
	HÉTÉRACTINELLES. Spicules de six à trente rayons disposés sans ordre.	**Scyphia** max. pars. **Protospongia.**
	GUMNINÉES.	**Gumninea.** **Halisarca.**
	HALYCONDRIÉES.	
	CORTICÈES.	

CLASSIFICATION GÉNÉRALE DES CŒLENTÉRÉS

HYDROZOAIRES
- HYDROMÉDUSES. — Polypes isolés ou coloniaux souvent diff., cavité vasculaire non divisée par septa, polype indépend. du squelette.
- CTÉNOPHORES. — Pas de représentants fossiles.

CORALLIAIRES — Simples ou coloniaux, tube œsoph., tentacules, septa charnus, parties dures variables, parfois absentes.

CLASSIFICATION DES HYDROZOAIRES

CTÉNOPHORES

Méduses permanentes

DISCOPHORES ou **Trachyméduses**.

ACALÉPHES.
- Brooksellia.
- Laotira.
- Medusina.
- Medusites.

GERYONIDES.

Hydroïdes.

Adaptés à la vie pélagique. — SIPHONOPHORES.

Fixes.

HYDROCORALLIAIRES.
- Millepora.
- Stylaster.

CAMPANULARIÉS. — Dictyonema.

STROMATAPORIDÆ.
- Cryptozoon ?
- Actinostroma.
- Stromatopora.

GRAPTOLITIDES.

Retioloidea.
- Gladiograptus.
- Glossograptus.
- Retiolites.

Diprionidés.
- Phyllograptus.
- Diplograptus.

Monoprionidés.
- Dicranograptus.
- Dichograptus.
- Leptograptus.
- Monogr.
  - Monograptus.
  - Rastrites.

SERTULARIDÆ.

THECOBLASTES.

GYMNOBLASTES.
- Hydrariés.
- Hydractinies ou Tubulariés.

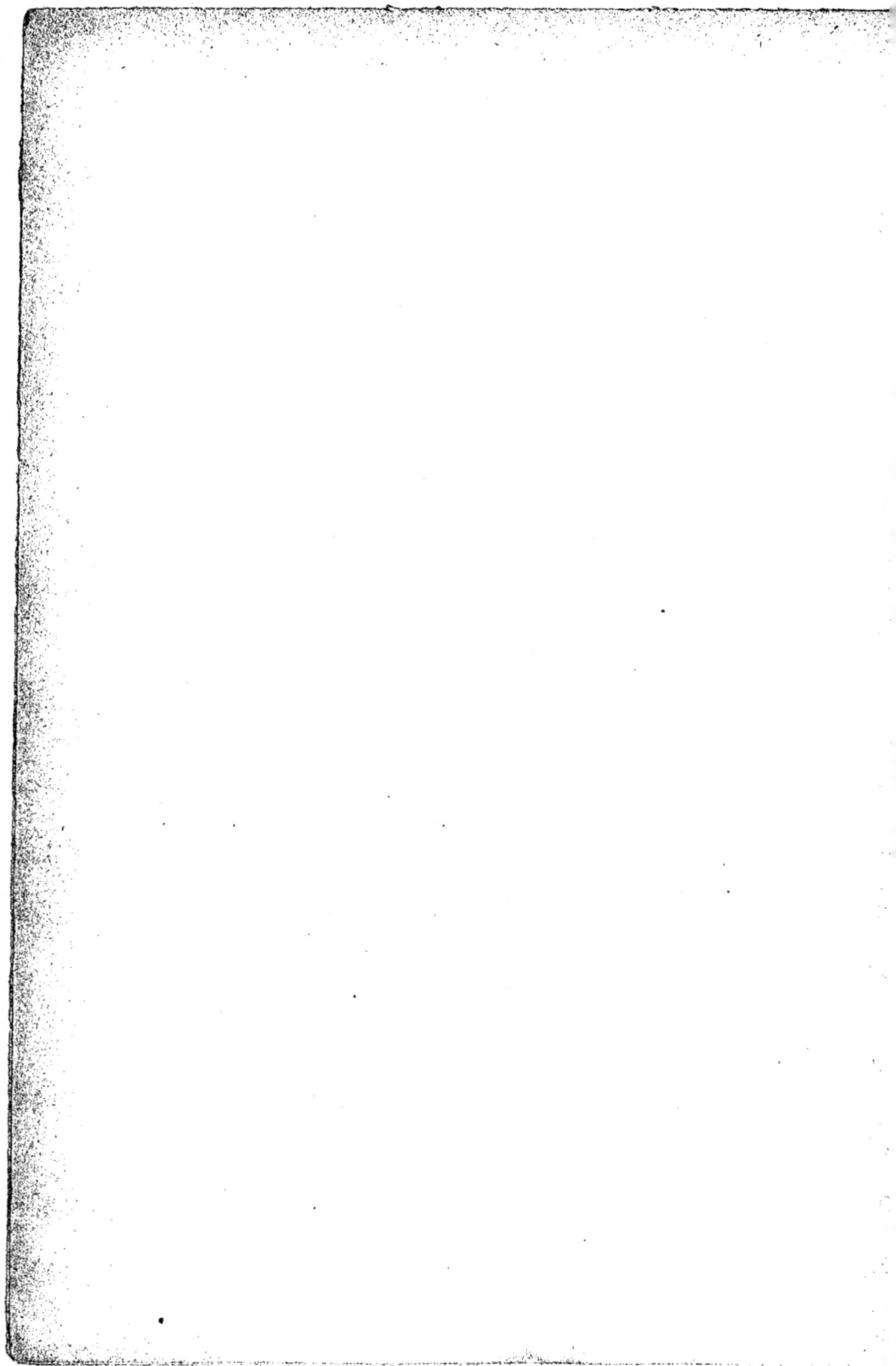

ANTHOZOAIRES ou CORALLIAIRES

ALCYONNAIRES ou OCTACTINIAIRES
Huit tentacules bordés de pinnules. Squelette absent, calcaire ou corné.

GORGONIDÆ. Axe rameux.
- **Isis**, alternativement calc. et corné.
- **Corallium**, calcaire.
- **Gorgona**, chitineux, avec couche corticale de spicules.
- **Graphularia**, axe cylindroïde.

PENNATULIDÆ ou VERETILLIDÆ. Axe baculiforme.
- **Virgularia.**
- **Pavonaria**, axe quadrangulaire.
- **Pennatula**, tige réduite.
- **Veretillum**, tige nulle.

ALCYONNIDÆ.
Petites ouvertures canaliculées corresp. à chaque polype.
- **Sympodium.**
- **Rhizoxenia.**
- **Clavularia.**
- **Hamea.**

TUBIPORIDÆ. — Polypiers cylindriques, non accolés, maintenus par des lames transversales.
HELIOPORIDÆ. — Polypier composé, canaliculé, pseudo-septa peu saillants.
? HELIOLITIDÆ.

SCLÉROBASIQUES ou ANTIPATHAIRES. — Squelette corné interne, actuels.

ZOANTHAIRES
Douze tentacules au moins, septa groupés par quatre ou six.

CERIANTHIDÆ. Zoanthidés coloniaux. Flottants errants.

MALACODERMÉS ou ACTINIAIRES
Squel. nul, actuels.

ACTINIADÆ. Isolés.

Fixes (Actinies).
- Tentacules ramifiés. **Phyllactinia.**
- Tentacules simples.
  - Non rétractiles. **Anemonia** *sulcata*. **Comactis.**
  - Colonne imperforée.
    - Lisse. **Actinia** *equina*.
    - Tuberc. **Paractis.**
    - Suçoirs. **Sagartia.**
  - Colonne perforée.
    - Pas de suçoirs. **Adamsia.**

SCLÉRODERMÉS ou MADRÉPORAIRES
Squel. calcaire.

TÉTRACORALLIAIRES ou rugueux. Type bilatéral ou tétraméral.

INEXPLETA. Pas de plancher ni de remplissage cellulaire.
- **Cyathaxonia**, columelle stylif.
- **Palæocyclus**, polypier libre discoïde, cloisons bien développées.
- **Petraia**, coniq., profond, cloisons incomp... ne sont bien dével. qu'au fond.

CYSTIPHORES ou CYSTIPHYLLOÏDES. Septa rudim. ou nuls.
- **Cystiphyllum** vésiculeux.
- **Goniophyllum** quadrang. pyramidal operculé.
- **Calceola**, operculé, cavité de forme spéciale (*sandalina*).
- PLASMOPHYLLINÆ.
- FLETCHERINÆ.

EXPLETA. Planchers occupant toute l'étendue de la chambre viscérale.

PLEXONOPHORES ou CYATHOPHYLLOÏDES. Planchers limités à la partie centrale, tissus cellul. vésiculeux.
- **Cyathophyllum**, cloisons jusqu'au centre.
- **Omphyma**, simple, turbinoïde.
- **Lithostrotion**, fasciculé prismatique ou cyl.
- **Acervularia**, astréen.
- **Campophyllum**, subcylindrique.

DIAPHRAGMATOPHORES ou ZAPHRENTOÏDES.
- **Zaphrentis**, turbiné, conique, cloisons pinnées.
- **Amplexus**, cylindroïde, épithèque.
Polypiers cloisonnés (planch. entiers).

ZOANTHAIRES *(Suite)*	**SCLÉRODERMÉS** *(Suite)*	**HEXACORALLIAIRES** Type hexagonal	**A. APORES** Muraille et cloisons compactes.

Astræadæ, polypiérites réunis directement par leur muraille, jamais par un coenenchyme compact.

Eusmilinées, cloisons entières. — Astræinées, cloisons à dents ou épines sur leur bord libre.

Formes simples.
Montlivaultia, infr., turbité obconde.
Lithophyllia, columelle forte, spongieuse.

Formes à stolons, colonies rampantes polypiérites courts.
Astrangia.
Rhizangia.
Cladangia.
Cryptangia, ass à un Bryozoaire (*Cellepora*)

Formes rameuses.
Cladocora.

Formes astréennes.
Heliastræa.
Confusastræa.
Isastræa.
Latomæandra.

Thecosmilia, aff. avec **Montlivaultia.**
Calamophyllia. } rameau ou massif. } Fasciculés.
Rhabdophyllia.

Formes cæspiteuses, fissiparité.
Symphyllia.
Diploria.
Leptoria.
Meandrina.

Formes fissipares confluentes **(Méandrinacées).**
Favia.

Formes agglom. bourgeonnement et fissiparité.
Meandrastræa.
Goniastræa.

Formes simples.
Trachosmilia, ni épithèque ni columelle.
Placosmilia, columelle lamellaire.
Stylosmilia.
Dendrosmilia.

Formes arboresc., gemmation latérale.
Stylina, columelle styliforme.
Phyllocoenia, pas de columelle.
Astrocoenia, calices unis par leur muraille.

Formes agglom. astréoides.
Eusmilia.
Aplosmilia.
Placophyllia.
Stenogyra.

Formes cæspiteuses.
Rhipdogyra (méandriforme).
Dendrogyra (méandriforme).
Phyllosmilia.
Diploctenium, disp. en éventail.

Formes confluentes
Aspidiscus.

POCILLOPORIDÆ. Coloniales arboresc., cloisons réduites
Pocillopora, tertiaire.
Seriatopora, récent.

OCULINIDÆ. Arborescents, gemmation latérale.
Oculina.
Synhelia.
Enallohelia.
Stylophora.

DASMIDÆ. — Pas d'endothèque, trois groupes de lamelles libres remplaçant les cloisons.
Turbinolia, col. stylif.
Flabellum, col. rudim.

TURBINOLIDÆ. Formes presque toujours libres, pas d'endothèque, columelle.
Pas de palis TURBINOLINÆ.
Ceratotrochus, col. fascic.
Sphenotrochus, col. lamellaire.
Trochocyathus, columelle fasciculée. tordue. Plusieurs couronnes de palis.

Palis CARYOPHYLLINÆ.
Delthocyathus, cloisons granuleuses.
Caryophyllia, Une couronne de palis.

Ordre	Sous-ordre	Sous-ordre (suite)	Groupe	Famille	Caractères / Genres
ZOANTHAIRES (Suite)	SCLÉRODERMÉS (Suite)	HEXACORALLIAIRES (Suite)	**B. FUNGIDÉS** Présence de synapticules, quelquefois ouvertures rudim. dans les cloisons.	PLESIOFUNGIDÆ. À la fois synapticules et dissépiments endothécaux.	**Thamnastræa**, astræoïde, calices confluents. **Dimorphastræa**, premier calice plus grand que les autres. **Cyathoseris**, un calice principal plus grand. **Trochoseris**, évasé, contourné, lobé. **Cycloseris**, discoïde. **Microseris.** **Anabacia**, forme simple, cyclolitiforme. **Genabacia**, idem, avec plusieurs calices secondaires.
				LOPHOSERIDÆ. Muraille ni perforée ni échancrée.	**Fungia**, actuel.
				FUNGIDÆ. Cloisons épaisses, granuleuses.	
				PLESIOFUNGIDÆ ou CYCLOLITIDÆ. Cloisons minces, nombreuses, perforées régulièrement.	**Cyclolites**, épithèque ridée de stries concentriques.
			C. PERFORÉS Cœnenchyme spongieux, septa perforés ou réticulés, ou épines. Calices jamais fusionnés.	EUPSAMMIDÆ. Cloisons bien développées, plusieurs cycles, sclérenchyme poreux.	**Eupsammia**, simple, conique, columelle fasciculée. **Dendrophyllia**, rameux, columelle spongieuse. **Balanophyllia**, calice profond, creux, conique, columelle spongieuse.
				MADREPORIDÆ. Formes composées, calices petits, très distants, cœnench. très spongieux.	**Madrepora.** **Montipora.** } Récifs actuels.
				PORITIDÆ. Cloisons ne se soudant jamais en une lame unique.	**Turbinaria.** **Porites.** **Astræopora.** **Alveopora.** **Heliolites.** **Polytremacis.** } Récifs tertiaires et actuels.
			D. INCERTÆ SEDIS	HELIOLITIDÆ. Nombre de cloisons variable. HALYSITIDÆ. Pas de cloisons, calices en chaîne.	**Halysites.**
				AULOPORIDÆ. Calices ovales, colonies rampantes.	**Aulopora.** *Cf.* **Alcyonaires** **Pyrgia (Cladochonus).**
				SYRINGOPORIDÆ. Tubes anastomosés.	**Syringopora.** **Gannopora.** **Calapœcia.**
				FAVOSITIDÆ. Polypiérites polygonaux juxtaposés, cloisons plus ou moins rudimentaires.	**Favosites.** **Michelinia.** **Pleurodictyum.** **Beaumontia.**
				? CHÆTETIDÆ. Polypiérites prismat. entièrem. soudés, pas de septa. Voir *Bryozoaires*. ? MONTICULIPORIDÆ. Colonies massives encroûtantes ramifiées ou globulaires, polypiérites de deux sortes en général. Acanthopores. ? FISTULIPORIDÆ. Pas d'acanthopores.	**Tetradium.** **Chætetes.** La plupart des auteurs placent ces groupes dans les Bryozoaires. (Voir ce groupe.)

CLASSIFICATION DES ECHINODERMES

HOLOTHURIDÆ. — Libres, cylindriques, pas de bras, spicules. { PEDATÆ. / APODES.

ASTERIDÆ. — Bras contenant des dépendances de l'appareil reprod. et digestif, sillon ambulacraire large et profond. Anus.

OPHIURIDÆ. — Pas d'anus, disque central, bras serpentiformes sans prolongements des organes viscéraux.

CRINOÏDES et CYSTOCRINOÏDES. — Echines fixes en général, longue tige, bras hérissés de pinnules, bouche centrale, anus interradial.

CYSTIDÆ et CYSTOASTEROÏDES. — Corps sphérique généralement fixé par une tige, plaquettes non rayonnées régulièrement et en nombre variable, bras rudimentaires ou nuls.

BLASTOÏDES et CYSTOBLASTOÏDES. — Echinod. fixes, sym. pentaradiée parfaite, calice à trois cycles de cinq plaques, zone pseudoambulacraire pétaloïde à pinnules, pas de bras.

ECHINIDES. — Libres, radioles { PALÉCHINIDES. — Nombre de rangées interambulacraires variable.
ou piquants, ambulacres, { EUÉCHINIDES. — Deux ou très rarement quatre rangées de
bouche et anus. { plaques interambulacraires.

ENTÉROPNEUSTES ou BALANOGLOSSES.

CLASSIFICATION DES CRINOÏDES

CYSTOCRINOÏDES (transition des Cystidés aux Crinoïdes). { **Lichenoïdes.** Cambrien.
Calice composé de deux rangées latérales de cinq plaques chacune { **Hybocystites.**
et couverture de cinq autres plaques. { **Porocrinus.**

COSTULÉS. — Pas de tige, calice formé de cinq radiales et une basale avec cinq côtes radiales, bras 5×2 minces, branches latérales enroulées. **Saccoma.**

EUCRINOÏDES

ARTICULATA
Plaques du calice épaisses
reliées par surfaces articulaires.

ENCRINIDÆ, tige arrondie, longue.
EUGENIACRINIDÆ, tige courte, ronde.
HOLOPIDÆ, sans tige.
PLICATOCRINIDÆ, bras longs, fourchus.
APIOCRINIDÆ, calice épais, tige ronde { **Apiocrinus.**
ou ellipt. { **Millericrinus.**
{ **Bourguetticrinus**
PENTACRINIDÆ, tige pentag.
COMATULIDÆ, sans tige à l'état adulte. **Antedon.**

TESSELLATA
Calice mince, pièces réunies
par des articulat. planes.

HAPLOCRINIDÆ.
CUPRESSOCRINIDÆ.
CROTALOCRINIDÆ.
POTERIOCRINIDÆ.
MARSUPITIDÆ.
CARPOCRINIDÆ.
MELOCRINIDÆ.
RHODOCRINIDÆ.

CLASSIFICATION DES CYSTIDÉS

APORITIDÆ Plaquettes du calice sans pores doubles ni losanges striés.	Aporitidæ.	**Cryptocrinus.** **Hypocrinus.** **Echinocystites.**
	Cystoasténoïdes.	**Hemicystites.** **Agelacrinus.** **Edrioaster.**
DIPLOPORITIDÆ Calice à pores doubles.		**Mesites.** **Glyptosphærites.** **Sphæronites.**
RHOMBIFERI Plaquettes du calice avec des losanges de pores ou des rhombes striés.		**Echinosphærites.** **Caryocystites.** **Caryocrinus.** **Porocrinus.** **Callocystites.** **Pleurocystites.** **Trochocystites.** **Glyptocystites.** **Codonaster.**
INCERTÆ SEDIS		**Lichenocrinus.** **Cyclocrinus.**

CLASSIFICATION DES BLASTOÏDES

RÉGULIERS Formes pédonculées, pentaradiées.	Pentremitidæ.	**Pentremites.** **Petatremidea.**
	Troostoblastidæ.	**Troostocrinus.** **Tricœlocrinus.**
	Nucleoblastidæ.	**Elœacrinus.** **Schizoblastus.**
	Granatoblastidæ.	**Granatocrinus.**
	Codasteridæ.	**Codaster.** **Orophocrinus.**
IRRÉGULIERS Pas de tige, base dissymétrique, sym. bilat.	Astrocrinidæ.	**Astrocrinus.** **Eleutherocrinus.**
CYSTOBLASTOÏDES		**Blastoïdocrinus.** **Stephanocrinus.** **Cystoblastus.** **Asteroblastus.**

CLASSIFICATION DES ÉCHINIDES

1° CLASSIFICATION DES PALÉCHINIDES

MONOPLACIDÉS
Une seule rangée de plaques } Bothriocidaridæ.   **Bothriocidaris.**
interambulacraires.

RÉGULIERS
(ou ENDOCYCLES)
Homognathes
Holostomes
(Mâchoires semblables
dressées,
péristome entier.

PERISCHOÉCHINIDES
ou
POLYPLACIDÆ
Plusieurs rangées
de plaques.

Lepidocentridæ.
5 à 9 rangées. } **Lepidocentrus.**
Pholidocidaris.
Perischodomus.

Melonitidæ.
8 à 10 rangées. } **Melonites.**
Palechinus.
Protoechinus.

Archæocidaridæ.
Gros tubercule
et radioles. } **Archæocidaris.**
Eocidaris.
Anaulocidaris.
Lepidocidaris.

Des **Archæocidaridæ** dérivent les Euéchinides réguliers,
par les **Tetracidaridæ.**

Groupe aberrant,
quatre rangées de plaques. } Blastoéchinides.   **Tiarechinus.**

IRRÉGULIERS
ou EXOCYCLES (Cystoéchinides).
Formes ancestrales, nombreuses rangées interambulacraires irrégulières et mobiles, bouche
centrale, anus interradial. } Cystocidaridæ. } **Cystocidaris.**
Mesites.
? Spatangopsis.

2° CLASSIFICATION DES EUÉCHINIDES ou NÉOÉCHINIDES

EXOCYCLES ou IRRÉGULIERS — Symétrie bilatérale.

ATELOSTOMES : pas d'appareil masticateur.

SPATANGIDÆ. Cordiformes, ambulacres pétaloïdes ou subpétaloïdes, anus supramarginal.

- **S.-Fam. BRISSIDÆ.** Ambulacres enfoncés.
  - **Micraster**, fasc. sous-anale.
  - **Epiaster**, pas de fasciole.
  - **Isaster**, pas de fasciole.
  - **Cyclaster**, fasc. péripét. et sous-anale.
  - **Hemiaster**, fasc. péripétal.
  - **Schizaster**, id., sillons profonds.
  - **Periaster**, fasc. péripét. et sous-anale.
- **S.-F. SPATANGINÆ.** Ambulacres à fleur de test.
  - **Eupatagus.**
  - **Spatangus.**
  - **Macropneustes.**
  - **Echinocardium.**
  - **Hemipatagus.**
- **S.-F. POURTALESIIDÆ.** Actuels.
- **S.-F. PALÆOSTOMINÆ ou ECHINOSPATAGIDÆ.** Ambulacres longs, flexueux, à fleur de test.
  - **Toxaster.**
  - **Heteraster.**
  - **Enallaster.**

HOLASTERIDÆ. Ambulacres simples, zones porifères étroites.

- **ANANCHYTINÆ.** Ambulacres réunis au sommet (apex).
  - **Palæopneustes.**
  - **Ananchytes (Echinocorys).**
  - **Stenonia.**
  - **Holaster.**
  - **Offaster.**
  - **Cardiaster.**
  - **Coraster.**
  - **Stegaster.**
  - **Infulaster.**
  - **Hemipneustes.**
- **DYSASTERINÆ.** Bivium et trivium.
  - **Collyrites.**
  - **Dysaster**, sensu stricto.
  - **Grasia.**
  - **Metaporrhinus**, ambul. impair différent.

CASSIDULIDÆ. Bouche centrale ou subcentrale, pentagonale ou ovale, anus excentrique, ambulacres simples ou pétaloïdes.

- **ECHINOLAMPINÆ.** Ambulacres plus ou moins pétaloïdes.
  - **Pygaulus.** } Pas de floscelle, anus inférieur.
  - **Neolampas.**
  - **Echinobrissus.**
  - **Nucleolites.**
  - **Clypeus.**
  - **Catopygus.**
  - **Cassidulus.**
  - **Echinanthus.**
  - **Echinolampas.**
  - **Pygurus.**
  - **Pygorhynchus** — Floscelle plus ou moins nettement développé, ambulacres subpétaloïdes.
  - **Claviaster**, ambul. impair différent.
- **ECHINONEINÆ.** Ambulacres rubanés égaux, pas de floscelle.
  - **Hyboclypeus.**
  - **Galeropygus.**
  - **Pyrina.**
  - **Echinoneus.**

GNATHOSTOMES : appareil masticateur.

HOMOGNATES (Glyphostomes exocycles) Mâchoires fortes, semblables à celles des oursins réguliers, péristome entaillé.

- **DISCOÏDIDÆ.** Voisins des réguliers, tubercules petits à scrobicules, bouche centrale.
  - **Pygaster**, anus voisin de l'apex.
  - **Holectypus.** } Anus infère.
  - **Discoidea.**
  - **Anorthopygus**, anus supère, oblique.
- **? ECHINOCONIDÆ.** Bouche centrale, anus inframarginal.
  - **Echinoconus.**
- **CONOCLYPEIDÆ.** Zones ambul. subpétal. mais continuant jusqu'au péristome.
  - **Conoclypeus.**
  - **Oviclypeus.**

HÉTÉROGNATES Mâchoires aplaties inégales, celle de l'ambulacre impair plus grande.

- **FIBULARIDÆ.** Zones ambul. ouvertes, à fleur de test.
  - **Echinocyamus.**
  - **Fibularia.**
  - **Sismondia.**
- **CLYPEASTRIDÆ.** Zones pétaloïdes.
  - **EUCLYPEASTRIDÆ.** Zones saillantes et larges.
    - **Clypeaster.**
    - **Laganum.**
  - **SCUTELLIDÆ.** Ambulacres à fleur de test.
    - **Scutella.**
    - **Arachnoïdes.**
    - **Amphiope.**
    - **Runa.**

2° CLASSIFICATION DES EUÉCHINIDES ou NÉOÉCHINIDES

(Suite)

	Test mobile.		ECHINOTHURIIDÆ. Se rapprochant des Diadematæ.		**Phormosoma.**

RÉGULIERS ou ENDOCYCLES — Anus au centre de l'appareil apical.

Test fixe.

DIPLACIDÆ — Deux rangées de plaques interambulacraires.

GLYPHOSTOMES ENDOCYCLES — Péristome échancré.

SALENIDÆ. Plaques apicales surnuméraires.		**Peltastes.** **Salenia.** **Acrosalenia.**	
DIADEMATÆ. Tubercules dans les zones ambulacraires.	Tubercules crénelés et perforés.	**Hemicidaris.** **Pseudocidaris.** **Acrocidaris.** **Diadema.** **Hypodiadema**, forme ancestrale. **Pseudodiadema.** **Microdiadema.**	
	Tuberc. non crénelés et perforés.	**Diademopsis.** **Hemipedina.** **Orthopsis.**	
	Tuberc. crénelés non perforés.	**Cyphosoma.** **Leiosoma.** **Codiopsis.** **Glypticus.**	
ECHINIDÆ. Larges zones ambulacraires, plaques porifères soudées obliquement.	OLIGOPORI. Trois paires de pores sur chaque plaque.	**Pedina.** **Echinus.** **Stomechinus.**	
	POLYPORI. Plus de trois paires.	**Pedinopsis.** **Sphærechinus.** **Strongylocentrotus.**	

CIDARIDÆ.
Péristome entier, zones
ambulacraires étroites,
sans tubercules.

Cidaris.
Rhabdocidaris.
Dorocidaris.
Porocidaris.
Orthocidaris.

TETRAPLACIDÆ
Quatre rangées de plaques
interambulacraires.

TETRACIDARIDÆ.

Tetracidaris. Se rat-
tache aux Paléchinides
(*Archæocidaris*).

CLASSIFICATION DES VERS

VERS OLIGOMÉRIQUES ou LOPHOSTOMÉS	BRACHIOPODES. BRYOZOAIRES. ROTATEURS. PHORONIENS, SIPUNCULIENS, etc. GÉPHYRIENS.	Molluscoïdea. Auct.	
VERS ANNELÉS	ANNÉLIDES CHÉTOPODES.	TUBICOLES.	**Serpula.** **Spirorbis.**
		NÉRÉIDES.	**Eunicites.** **Nereites**, etc. (Pistes.)
	HIRUDINÉS.		
VERS NON ANNELÉS	NÉMATODES ou **Némathelminthes.**	Formes rattachées.	**Echinodères.** **Acanthocères.**
	PLATODES ou **Plathelminthes.**	CESTODES. TRÉMATODES. TURBELLARIÉS.	

CLASSIFICATION DES BRYOZOAIRES

ENTOPROCTES
Anus s'ouvrant à l'intérieur d'une couronne de tentacules.

PEDICELLINÆ. — **Pedicellina.** / **Loxosoma.** / **Urnatella.** — Actuels.

ECTOPROCTES
Anus s'ouvrant dorsalement par rapport à la couronne de tentacules.

GYMNOLÆMATA.
Sans épistome.

PALUDICELLEA. — Ectocyste corné. Eau douce. Actuels.

CYCLOSTOMATA (CENTRIFUGINES). Ouverture circulaire sans couronne de soies.

ARTICULATA. Rameaux divisés en segments.
CRISIDÆ. **Crisia.**

INARTICULATA. Colonie à cellules soudées.
DIASTOPORIDÆ. **Diastopora. / Berenicea. / Defrancia.**
TUBULIPORIDÆ. **Stomatop. / Tubulip.**
IDMONEIDÆ. **Protocrisina.**
FENESTELLIDÆ. (**Cryptostomes**) **Fenestella. / Archimedes.**
ACANTHOCLADIDÆ.
PTYLODYCTIONIDÆ.
ENTALOPHORIDÆ.
FRONDIPORIDÆ. **Fascicularia. / Frondipora.**
CERIOPORIDÆ.
CHÆTETIDÆ.
MONTICULIPORIDÆ. **Treptostomes.** (Auct.)

CTENOSTOMATA. Ouverture fermée par une couronne de soies. — Marins, actuels.

EUCLOSTOMATA (CELLULINES). Ouverture rétrécie souvent munie d'un opercule.

ARTICULATA.
CATENICELLIDÆ (Actuels).
SALICORNARIDÆ.
CELLULARIADÆ.
FLUSTRIDÆ. Act.
GEMELLARIADÆ.
HIPPOTHOÏDÆ.
MEMBRANIPORIDÆ

INARTICULATA.
ESCHARIDÆ. **Eschara. / Flustrella. / Retepora.**
STEGINOPORIDÆ.
CELLEPORIDÆ.
VINCULARIDÆ.
SELENARIDÆ. **Lunulites.**

PHYLACTOLÆMATA.
Avec épistome mobile.

LAPHOPEA. — Ectocyste corné ou testacé. Eau douce. Actuels.

INCERTÆ SEDIS. — **Rhabdopleuria.** Act., en fer à cheval (marins).

Voir pour la classification des **Bryozoaires** : Canu, Bull. S. G. F., 1900 ; Pergens, Bull. Soc. belge, 1889.

CLASSIFICATION DES BRACHIOPODES

INARTICULÉS
= **Pleuropygia**
ou **Ecardines**
Intestin débouchant
sur le côté droit, pas d'app.
brachial.

- CRANIIDÆ.
  Pas de pédoncule.
  - Pseudocrania.
  - Craniella.
  - Crania.
- DISCINIDÆ.
  Test orbiculaire, foramen.
  - Spondylobolus.
  - Discina.
  - Orbiculoïdea.
- OBOLIDÆ.
  Pseudo-aréa.
  - Obolus.
  - Kutorgina.
- SIPHONOTRETIDÆ et ACROTRETIDÆ.
  - Siphonotreta.
  - Acrotreta.
- LINGULIDÆ.
  Pédoncule intervalvaire.
  - Lingula.
  - Lingulella.
- TRIMERELLIDÆ.
  Aréa, pseudodeltidium.
  - Monomerella.
  - Dinobolus.
  - Trimerella.

ARTICULÉS
= **Apygia**
ou
Testicardines
Intestin
en cul-de-sac,
pas d'anus.

PRODUCTACÉS
App. brachial absent
ou réduit aux crura.

- ORTHISIDÆ.
  Ligne cardinale droite,
  pseudodeltidium.
  - STROPHOMENIDÆ.
    Pas de crura, ligne
    cardinale longue.
    - Strophomena.
    - Porambonites.
    - Leptaena.
    - Streptorhynchus.
  - ORTHISINÆ.
    Crura, ligne cardinale
    plus courte.
    - Orthis.
    - Orthisina.
    - Bilobites.
- PRODUCTIDÆ.
  Valve ventrale bombée,
  valve sup. plane.
  - Productus.
  - Strophalosia.
  - Chonetes.

SPIRIFÉRACÉS
Bras spiralés
symétriques.

- SPIRIFERIDÆ.
  Cônes opposés par
  la base.
  - Spirifer.
  - Cyrtia.
  - Spiriferina. } SPIRIFERINÆ.
  - Martinia.
  - Athyris.
  - Glassina. } ATHYRINÆ.
  - Merista.
  - Uncites.
  - Retzia. } NUCLEOSPIRINÆ.
- ATRYPIDÆ.
  Cônes opposés par
  le sommet.
  - Atrypa.
  - Zygospira.
  - Dayia.
- KONINCKIDÆ.
  Ligne card. longue, double lamelle.
  - Koninckina.
  - Davidsonnia.

PENTAMERIDÆ et RHYNCHONELLIDÆ.
App. brachial réduit à deux crura,
septa plus ou moins développés.
- Camarella.
- Pentamerus.
- Camarophoria.
- Rhynchotreta.
- Rhynchonella.
- Acanthothyris.

TÉRÉBRATULACÉS
Appareil formé
d'une bandelette
continue non spiralée.

- TEREBRATULIDÆ.
  Pas d'aréa.
  - App. brachial long.
    - Zeilleria.
    - Aulacothyris.
    - Waldheimia (Magellania).
    - Eudesia.
    - Centronella.
    - Terebratella.
    - Terebrirostra.
    - Megerlea.
    - Kingena.
    - Magas.
  - App. brachial court.
    - Cœnothyris.
    - Dictyothyris.
    - Pygope.
    - Dielasma.
    - Terebratula, s. str.
  - App. br. circul.
    - Terebratulina.
- STRINGOCEPHALIDÆ.
  Aréa et deltidium,
  épines aux bandelettes.
  - Stringocephalus.

THÉCIDIACÉS
Bandelette brachiale réunie
à la valve dorsale
par des septa rayonnants
ou bien absente.

- MEGATHYRIDÆ.
  - Megathyris.
  - Thecidea.
- THECIDEIDÆ.
  - Eudesella.
  - Oldhamina.
  - Argiope.
  - Cistella.

3

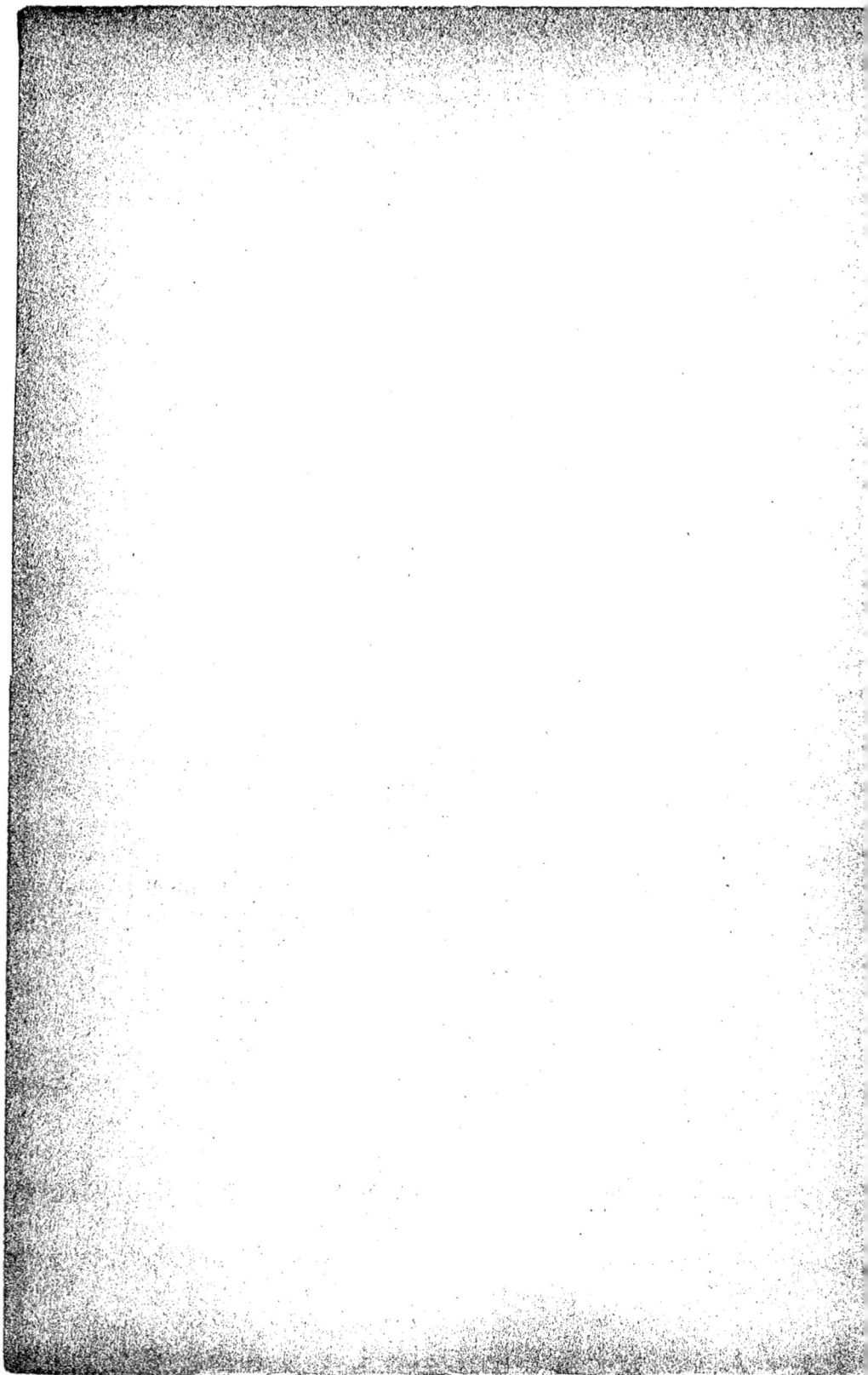

CLASSIFICATION DES MOLLUSQUES

AMPHINEURIENS ou PROMOLLUSQUES. — Affinités avec les Vers et avec les Gastropodes.

LAMELLIBRANCHES ou PÉLÉCYPODES.

SCAPHOPODES ou SOLÉNOCONQUES.
{ **Dentalium.**
Entalis.
Siphonodentalium.
Pyrgopolon.
Spirodentalium.
Hyolithellus.

PTÉROPODES.

CÉPHALOPODES.

CLASSIFICATION DES AMPHINEURIENS

Pas de test externe. Spicules.　　APLACOPHORES OU SOLÉNOGASTRES.　　{ **Neomenia.**
Proneomenia.

Test formé de plaques cornéo-calcaires.　　POLYPLACOPHORES.　　**Chiton.**

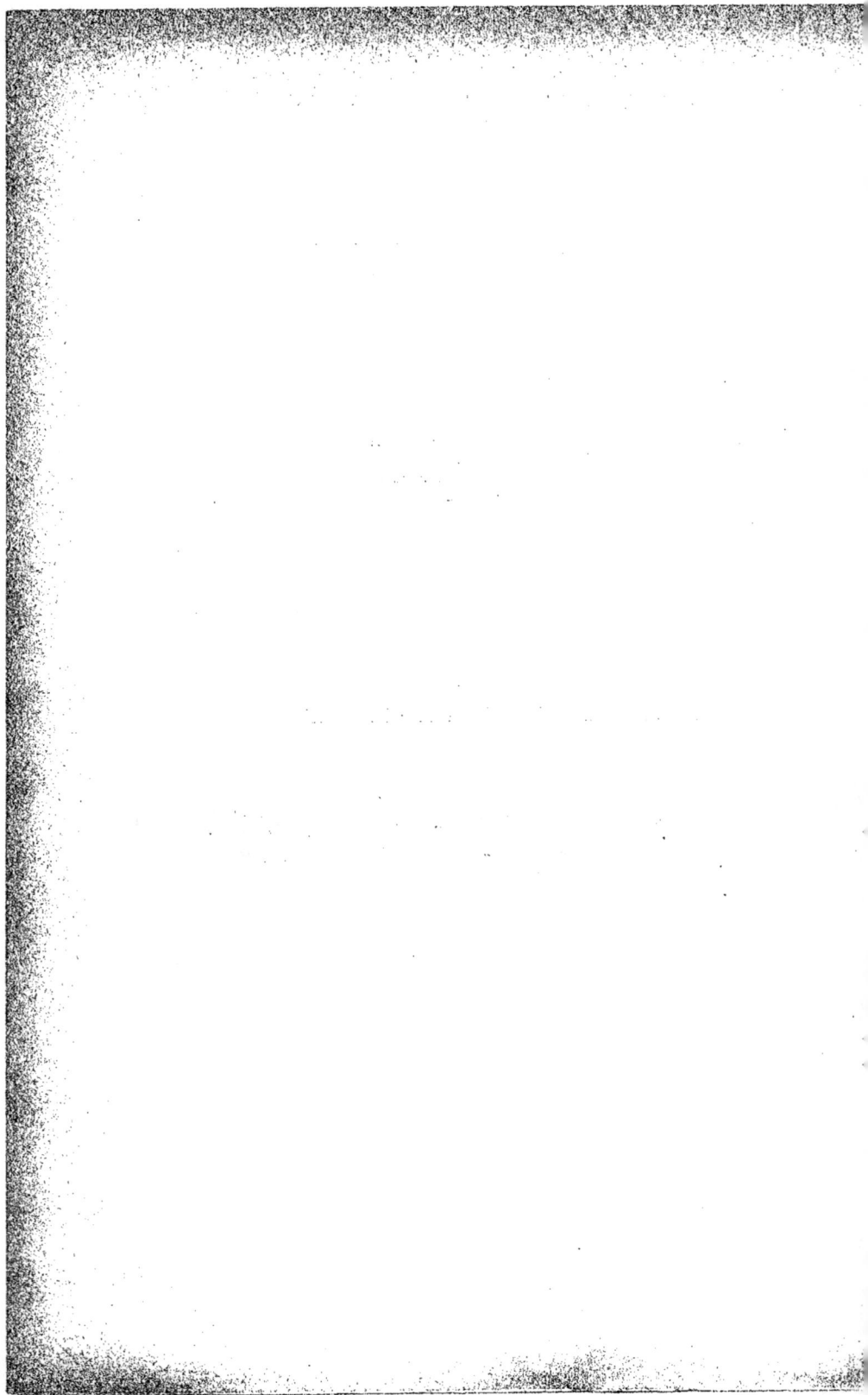

CLASSIFICATION DES LAMELLIBRANCHES

ou PÉLÉCYPODES

ASIPHONÉS

Presque toujours dépourvus de siphons, lobes du manteau distants ou réunis en un seul point, ligne palléale simple, souvent peu visible, coquille généralement nacrée en dedans.

MONOMYAIRES
Une seule impress. musculaire. Lobes du manteau distincts, pied atrophié.
= **Anisomyaires**, pars.
= **Tetrabranchia inappendiculata**, pars.

Dysodontes.

OSTREIDÆ.
Inæquivalves fixées par la valve gauche, test irrégulier, lamelleux, ligament interne, pas de dents.

Ostrea. S. str. { *Ostrea* du groupe *Edulis*. *O.* du groupe *Deltoïdea*. *O.* du groupe *Crassissima*. }

Gryphea.
Alectryonia.
Exogyra.
Amphidonta.
Gryphostrea.
? Chalmasia.
Pernostrea.

ANOMYIDÆ.
Byssus calcifié traversant la V. D.

Anomia.
Carolia.
Placuna.
Hypotrema.

Isodontes

SPONDYLIDÆ.
Deux dents courbes à chaque valve.

Plicatula (S.-G. **Harpax**).
Spondylus.

LIMIDÆ.
Inéquilat., oreillettes inégales, fossette ligam. centrale.

Radula (Lima).
Mantellum.
Acesta.
Plagiostoma.
Limea.
Ctenostreon.

PECTINIDÆ.
Equilat., ligne card. droite.

Hinnites.
Pecten. S. str.
Chlamys.
Camptonectes.
Pseudamusium.
Entolium.
Amusium.
Pseudopecten.
Vola.
Janira.
? Aviculopecten.

DIMYAIRES. — Deux impressions musculaires.

HÉTÉROMYAIRES
Deux impressions inégales : antér. petite, pied peu dével. Byssus fort.
= **Anisomyaires**, pars. = **Tetrabranchia inapp.**, pars.

AVICULIDÆ.
Une oreillette au moins, couche interne nacrée, couche externe prismatique ou lamellaire, muscle antérieur sous la charnière.

PTERINEINÆ.
Inéquivalves, dents très nettes.

Pterinea.
Actinodesma. } Paléoz.

AMBONYCHINÆ.
Crochets aigus, deux dents card.

Ambonychia.
Anomalodonta.
Gosseletia.
Lunulicardium. } Paléoz.

AVICULINÆ.
A peu près équivalves, dents faibles ou nulles.

Avicula.
Meleagrina.
Pteronites.
Pseudomonotis.
Possidonomya.
Monotis.
Daonella.
Halobia.
Malleus.

? AVICULOPECTINIDÆ

Aviculopecten.
Crenipecten

INOCERAMINÆ.
Fossettes cardinales nombreuses, parallèles.

Gervillia.
Hœrnesia.
Aucella (S.-F. AUCELLINÆ).
Inoceramus.
Actinoceramus.
Perna.
? Pernostrea.

VULSELLINÆ.

Vulsella.
Eligmus.
? Chalmasia, Naïadina.

CLASSIFICATION DES LAMELLIBRANCHES
(Suite)

ASIPHONÉS (Suite)

DIMYAIRES (Suite)

HÉTÉROMYAIRES (Suite)

- **MYTILIDÆ.** Epid. corné, ligue card. courte, dents réduites ou absentes. Byss. très développé. Un ou deux siphons.
  - Modioloïdes.
  - Mytilus.
  - Arcomytilus.
  - Modiola.
  - Lithophagus.
  - Pachymytilus.
  - Congeria.
  - Dreissentia.
  - Dreissentiomya, sinus palléal.

- **PRASINIIDÆ.** Coq. longue inéquil., impression post. divisée.
  - Modiolopsis.
  - Myoconcha.
  - Hippopodium.
  - Prasina.

- **PINNIDÆ.** Coq. plus ou moins trigonales bâillant en arrière, couche interne très mince, grand byssus.
  - Aviculopinna.
  - Trichites ou Pinnigera.
  - Pinna.
  - Palæopinna.
  - Briophila.

HOMOMYAIRES. — Deux impressions musculaires à peu près égales, pied bien développé, équivalves. Tetrabranchia inappendiculata, pars.

- **TAXODONTES FILIBRANCHES.** Branches en lamelles très longues, génér. un byssus.
  - **ARCIDÆ.** Aréa striée, dents semblabl. épid. fort.
    - **ARCINÆ.** Ligne card. droite, coquille subquadr.
      - Arca.
      - Byssoarca.
      - Barbatia.
      - Anomalocardia.
      - Isoarca.
      - Cucullea.
      - Macrodon.
    - **PECTUNCULINÆ.** Ligne cardinale courbe.
      - Ctenodonta.
      - Pectunculus.
      - Limopsis.
      - Trigonoarca.

- **TAXODONTES FOLIOBRANCHES.** Branches bipectinées, pas de byssus.
  - **? CARDIOLIDÆ.** Bord cardinal droit, aréa. Se rattachent aux Paléoconches, auct.
    - Cardiola (S.-G. Buchiola).
    - Cyrtodonta.
    - Slava.
    - ? Panenka.
  - **NUCULIDÆ.** Pas de siphons, coq. nacrée.
    - Nucula.
    - Palæoneilo.
    - Cucullella.
  - **LEDIDÆ.** Des siphons, coq. non nacrée.
    - Leda.
    - Malletia.
    - Yoldia.
    - Portlandia.

- **SCHIZODONTES**
  - Lyrodesma.
  - Schizodus.
  - Myophoria.
  - **TRIGONIIDÆ.** Deux ou trois dents fortes, divergentes, striées.
    - **Trigonia**

	Types :
Scaphoïdea :	navis, pulchella.
Clavellatæ :	Bronni.
Undulatæ :	paucicosta.
Glabræ :	gibbosa.
Quadratæ :	dædalea.
Scabræ :	scabra, caudata.
Costatæ :	costata.
Byssiferæ :	carinata.
Pectinatæ :	pectinata.

- **EULAMELLI-BRANCHES** (Pars.) Siphons rudim. ou nuls.
  - **ÆTHERIIDÆ.** Fluviatiles, actuels, convergent vers les Monomyaires.
  - **NAIADIDÆ ou UNIONIDÆ.** Test nacré, épid. épais.
    - Unio.
    - Anodonta.
    - Spatha.
    - Mutela.
  - **? CARDINIIDÆ.** Ovales, dents card. peu saillantes, impress. musc. profondes.
    - Anthracosia.
    - Cardinia.
    - Trigonia.

CLASSIFICATION DES LAMELLIBRANCHES

(Suite)

SIPHONÉS

EULAMELLIBRANCHES, max. pars. Les uns sont dibranchiaux, les autres tétrabranchiaux.

INTEGRIPALLIATA. — Ligne palléale entière.

CHAMACÉS. — Groupe aberrant, inéquivalve, fixée par une ou des valves. Charnière ayant à une valve une dent entre deux fossettes et à l'autre valve une fossette entre deux dents.

A = valve à une dent, libre. B = valve à deux dents, fixée.
Valve B fixée, gauche = formes directes = deux dents V G, une dent V D.
Valve B fixée, droite = formes inverses == une dent V G, deux dents V D.

DICERATIDÆ.
Formes normales (directes).
- Diceras.
- Heterodiceras.
- Plesiodiceras.
- Requienia.
- Toucasia.
- Matheronia.
- Apricardia.
- Baylia.

CHAMIDÆ.
Tantôt directes, tantôt inverses.
- Chama : *lobata, gryphoïdes,* directes.
- Chama : *gryphina, cristella,* inverses.
- ? Chamostrea.

MONOPLEURIDÆ.
Formes inverses.
- Monopleura.
- Horiopleura.
- Gyropleura.
- Valletia.
- Agria, passage aux Caprinidæ et aux Hippurites.

CAPRINIDÆ.
Types directs.
- Caprina.
- Caprinella.
Types inverses.
- Plagioptychus.
- Ichthyosarcolites.
- Caprotina.
- Polyconites.

RUDISTÆ.
Très inéquiv. fixées par le crochet de la valve droite conique B, pas de ligam.

HIPPURITIDÆ.
Deux ou trois sillons ext.
- Hippurites.
  - Hipp. sens str.
  - Vaccinites.
  - Batolites.
  - Pironea.
  - D'Orbignya.

RADIOLITIDÆ.
Pas de sillon ou un seul.
- Radiolites, Sphærulites.
- Biradiolites.
- Lapeyrousia.
- Bournonia.
- Synodontites.

MEGALODONTIDÆ.
Equivalves, très épaisses, plaque cardinale à deux dents.
- Megalodon.
- Neomegalodon.
- Pachymegalodon.
- Pachyrisma.
- Dicerocardium.

ASTARTIDÆ.
Deux ou trois dents cardinales à chaque valve, plateau card. épais.
- Pleurophorus.
- Pachycardia.
- Cardita.
- Venericardia.
- Paleocardita.
- Astarte.
- Crassinella.
- Goodallia.
- Opis.
- Pachydomus.

CRASSATELLIDÆ.
Une à trois dents à chaque valve, ligament interne dans une fossette.
- Crassatella.
- Gouldia.
- Ptychomya.

? KELLYELLIDÆ.
- Kellyellia.
- Lutetia.

VERTICORDIIDÆ.

GALEOMMIDÆ.

ERYCINIDÆ.
- Erycina.
- Spaniodon.

LUCINIDÆ.
Coq. ovales ou arrondies, épid. impressions musculaires inégales.
- Lucina.
- Fimbria = Corbis.
- Mutiella.
- Gonodon.
- Tancredia.
- Axinus.

CLASSIFICATION DES LAMELLIBRANCHES

(Suite)

SIPHONÉS (Suite)

INTEGRIPALLIATA (Suite)

PRÆCARDIIDÆ.
(Paléoconques, pars, auct.)
Valves égales, crochets symétriques.

{ Præcardium.
Pleurodonta.
Paracardium.
Dualina.

CARDIIDÆ.
Coq. équivalve, cordiforme, lig. ext.,
deux dents cardin , deux latérales.

{ Cardium.
Protocardia.
Conocardium.
Lithocardium = Hemicardia.
Lyrocardium.

Limnocardiidæ.
Saumâtres.
{ Didacna.
Monodacna.
Adacna.
Byssocardium.

TRIDACNIDÆ.
Coquille épaisse, fortes côtes,
une seule impr. muscul.

{ Tridacna.
Hippopus.

CYRENIDÆ.
Cordiforme arrondie ou ovale,
deux ou trois dents card.,
une latérale simple à gauche,
une double à droite.

{ Cyrena.
Corbicula.
Sphærium = Cyclas, Brug, non Klein.
Pisidium.
Galatea.
Fischeria.
Rangia.
Cyrenella.

CYPRINIDÆ.
Coq. convexes. deux ou trois
dents card., une lat. post.

{ Cyprina.
Roudaisia.
Anisocardia.
Isocardia.
Cypricardia.

SINUPALLIATA

VENERIDÆ.
Deux ou trois dents card.,
parfois une antér.

{ Venus.
Thetis.
Cytherea.
Callista.
Dosinia.
Cypricardia.
Tapes.
Circe.

PETRICOLIDÆ.
Très voisines des précédentes.
Habitat spécial.

{ Petricola.
Venerupis.

TELLINIDÆ.
Coq. mince atténuée ou tronquée,
bâillante.

{ Tellina.
Strigella.
Asaphis.
Psammobia.
Sanguinolaria.

SCROBICULARIIDÆ.
Sinus pall. profond.

{ Syndosmia.
Scrobicularia.

PAPHIIDÆ.

{ Paphia.
Ersilia.

SOLENIIDÆ.
Coq. très allongée, bâillante, épid.

{ Solecurtus.
Siliqua.
Cultellus.
Ensis.
Solen.

DONACIDÆ.
Triangul., cunéiformes.

{ Isodonta.
Donax.

GLYCIMERIDÆ.
Coq. bâillante, ridée, solide,
dents 1/1, épid. puissant.

{ Glycimeris = Panopea.
Saxicava.
Panomya.

CLASSIFICATION DES LAMELLIBRANCHES

(*Suite*)

SIPHONÉS (*Suite*) **SINUPALLIATA** (*Suite*)

Pholadomya.
> *Multicostatæ.*
> *Trigonatæ.*
> *Bucardinæ.*
> *Flabellatæ.*
> *Ovales.*
> *Cardissoïdes.*

PHOLADOMYIDÆ.
Bâillantes, fragiles, pas de dents.

Goniomya.
Homomya.
Mactromya.
Pleuromya.
Gresslya = *Lutraria* (pars).
Ceromya.

Genres paléozoïques voisins (*Paléoconques*, auct.) :

Cardiomorpha.
Allorisma.
Grammysia.
Sanguinolites.
? Anthracomya.
Orthonota.

> GRAMMYSIDÆ.
> Formes ancestrales,
> sans sinus palléal.

ANATINIDÆ.
Coq. mince, une ou deux dents
en cuillerons.

Anatina.
Cercomya.
Thracia.
Pandora.
Lyonsia.

MACTRIDÆ.
Dent cardinale cunéiforme et petite dent
cristiforme, siphons soudés.

Mactra.
Rangia ?
Lutraria (pars).
Eastonia.
Cardilia.

SOLENOMYIDÆ.
Coq. mince, bâill., pied allongé.

Solenomya = **Solemya.**
Clinopistha.

MYIDÆ.
Epid. épais, coq. bâillante, cartilage
sur un cuilleron.

Mya.
Sphenia.
Corbula.
Corbulomya.
Nærea.
Pteromya.
Tæniodon.

GASTROCHÆNIDÆ.
Dents card. rudim., moll. perforants,
tube siphoné.

Gastrochæna.
Fistulana.

CLAVAGELLIDÆ.
Tube allongé en massue.

Clavagella.
Aspergillum.

PHOLADIDÆ.
Pas de byssus, coq. très bâillante.

Pholas.
Parapholas.
Montesia.
Turnus.

TEREDINÆ.
Coq. très petite, tube siph. très long.

Teredina.
Teredo.

CLASSIFICATION GÉNÉRALE DES GASTROPODES

I. — PROSOBRANCHES — Branchies et oreillette situées en avant du cœur.

A. — CYCLOBRANCHES = Hétérocardes, Docoglosses. Branchies lamell. tout autour du corps, dents papillaires.
- PATELLIDÆ.
- ACMÆIDÆ ou TECTURIDÆ.
- LEPETIDÆ.

B. — ASPIDOBRANCHES = Diotocardes, Rhipidoglosses. Branchies attachées par leur base, cœur à deux oreillettes traversé par le rectum.

- **ZEUGOBRANCHES** — Branchies symétriques.
  - *Homonéphridés.*
    - FISSURELLIDÆ.
    - PLEUROTOMARIIDÆ.
    - ? EVOMPHALIDÆ.
    - BELLEROPHONTIDÆ.
  - *Hétéronéphridés*
    - HALIOTIDÆ.
    - STOMATIDÆ.
- **SCUTIBRANCHES** — Branchies à gauche.
  - *Hétéronéphridés*
    - TROCHIDÆ.
  - *Mononéphridés.*
    - NERITIDÆ.
    - HELICINIDÆ.

C. — CTÉNOBRANCHES = Pectinibranches ou Monotocardes. Branchies nues pectinées, la droite très grande, la gauche réduite ou nulle, cœur à une oreillette, non traversé par le rectum.

TÆNIOGLOSSES. — Radula en général à sept plaques, langue aplatie.

HOLOSTOMES
- **PTÉNOGLOSSES** — Radula à petites dents en crochet.
  - **Gr. aberrant.**
    - ? JANTHINIDÆ.
    - SOLARIIDÆ.
  - **Proboscidifères.**
    - EVOMPHALIDÆ.
    - SCALARIIDÆ.
- **GYMNOGLOSSES** — Langue plate, radula nue.
  - **Proboscidifères.**
    - PYRAMIDELLIDÆ.
    - EULIMIDÆ.
- **Semiproboscidifères.**
  - VELUTINIDÆ ou MARSENIADÆ,
  - TRICHOTROPIDÆ.
  - ?? JANTHINIDÆ.
  - NATICIDÆ.
- **Rostrifères.**
  - AMPULLARIIDÆ.
  - VALVATIDÆ.
  - CYCLOPHORIDÆ.
  - PALUDINIDÆ.
  - BYTHINIDÆ.
  - HYDROBIIDÆ.
  - RISSOÏDÆ.
  - TRUNCATELLIDÆ.
  - CYCLOSTOMIDÆ.
  - LITTORINIDÆ.
  - XENOPHORIDÆ.
  - CAPULIDÆ.
  - CÆCIDÆ.
  - VERMETIDÆ.
  - TURRITELLIDÆ.
- **Pseudo-holostomes.** **Rostrifères.**
  - PSEUDOMELANIADÆ.
  - MELANIADÆ.

SIPHONOSTOMES
- **Rostrifères.**
  - *Ento-mostomes.*
    - CERITHIIDÆ.
    - NERINEINÆ.
    - APORRHAIDÆ.
  - *Alata.*
    - STRUTHIONIDÆ.
    - STROMBIDÆ.
- **Semiproboscidifères.**
  - *Involuta.*
    - CYPRÆIDÆ.
- **Proboscidifères.**
  - *Canalifera.*
    - CASSIDIDÆ.
    - DOLIIDÆ.
    - FICULIDÆ.
    - TRITONIDÆ.

STÉNOGLOSSES — Langue mince, trois dents par rangée, animaux marins carnassiers.

RHACHIGLOSSES — Langue étroite, radula linéaire à dent centrale, trompe protractile.

GLOSSOPHORES
- *Mononéphridés.*
  - BUCCINIDÆ.
  - COLUMBELLIDÆ.
  - PURPURIDÆ.
  - FUSIDÆ.
  - MURICIDÆ.
  - ? CANCELLARIIDÆ.
- *Pycnoné-phridés.* *Schizo-podes.*
  - VOLUTIDÆ.
  - HARPIDÆ.
  - OLIVIDÆ.
  - CORALLIOPHYLLIDÆ.

AGLOSSES

TOXIGLOSSES — Deux rangées de dents aiguës creuses.
- **Acrophthalmes.**
- **Pleurophthalmes.**
  - TEREBRIDÆ.
  - PLEUROTOMIDÆ.
  - CONIDÆ.
  - CANCELLARIIDÆ.

CLASSIFICATION GÉNÉRALE DES GASTROPODES

(Suite)

II. — HÉTÉROPODES ou NUCLÉOBRANCHES
Pied vertical, transformé en nageoire.

Pterotracheidæ.	**Carinaria.**
Atlantidæ.	**Atlanta.**

III. OPISTOBRANCHES
Branchies en arrière du cœur.

TECTIBRANCHES (Pleuro-branches).

Operculata. — Actæonidæ. — **Actæonella. Actæonina. Cylindrites. Actæon.**

Inoperculata.

- Bullidæ. — **Hydatina. Bulla. Cylichna. Acera.**
- Scaphandridæ. — **Scaphander.**
- Pleurobranchidæ.
- Ringiculidæ. — **Ringicula. Ringinella. Avellana.**
- Aplysiidæ. — **Aplysia.**
- Umbrellidæ. — **Umbrella. Tylodina.**

DERMATOBRANCHES (Nudibranches).

Anthobranchiata. Inferobranchiata. Polybranchiata. Pellibranchiata. Parasita. — Animaux marins mous.

IV. PULMONÉS
Respiration pulmonaire.

BASOMMATOPHORES
Yeux sessiles.

- *Géhydrophiles.* — Auriculidæ. Otinidæ. Amphibolidæ.
- *Hygrophiles.* — Limnæidæ. Physidæ.
- *Thalassophiles.* — Siphonariidæ. Gadinidæ.

STYLOMMATO-PHORES (Géophiles).
Yeux pédonculés.

Monotremata.

- *Agnathes.* — Testacellidæ. Limacidæ.
- *Gnathophores.* — *Holognathes.* — Helicidæ. Bulimulidæ. Pupidæ. Stenogyridæ.
- *Elasmognathes.* — Succineidæ.

Ditremata.

- *Terrestria.* — Vaginulidæ.
- *Aquatica.* — Oncidiidæ.

Anim. mous.

4

CLASSIFICATION DES PROSOBRANCHES

CYCLOBRANCHES = **Hétérocardes, Docoglosses.**		Patellidæ.	Patella. Scenella. Helcion. Tryblidium. ? Chiuria. Précambrien.
		Acmæidæ ou Tecturidæ.	Acmæa. Scurria.
		Lepetidæ.	Lepeta.

ASPIDOBRANCHES = **Diotocardes,** **Rhipidoglosses.**	ZEUGOBRANCHES	Homonéphridés,	Fissurellidæ.	Fissurella. Rimula. Emarginula. Scutum.
			Pleurotomariidæ.	Rhapistoma. Pleurotomaria Ditremaria. Murchisonia. Scissurella.
			? Evomphalidæ. Placés ici par Koken.	
			Bellerophontidæ.	Bellerophon. Salpingostoma Cystolites. Porcellia.
		Hétéronéphridés	Haliotidæ.	Haliotis.
			Stomatiidæ.	Stomatia. Gena.
	SCUTIBRANCHES	Hétéronéphridés	Phasianellinæ.	Phasianella.
		Trochidæ. Turbininæ.	Turbo. ? Cyclonema. Eunema. Auct. Littorina. Cirrus.
		Astralinæ.	Astralium. Bolma.
		Liotinæ.	Liotia. Adeorbis.
		Umbonninæ.	Umbonium. Turbina. Teinostoma. Chrysostoma. Margarita.
		Trochinæ.	Delphinula. Trochus. Monodonta.
		Mononéphridés.	Neritidæ.	Nerita. Otostoma. Dejanira. Velates. Neritina. Pileolus. Neritopsis.
			Helicinæ.	Helicina. Hydrocena.

CTÉNOBRANCHES	PTÉNOGLOSSES	Gr. aberrant.	? Janthinidæ.	Janthina. Recluzia.
		Proboscidifères.	Solariidæ. Trochoïde, ombilic profond, bouche quadrang.	Solarium. Torina. Disculus.
			Evomphalidæ.	Straparollus. Evomphalus. Omphalotrochus. Discohelix. Bifrontia.
			Scalariidæ.	Scalaria. Cochlearia.

CLASSIFICATION DES PROSOBRANCHES

(Suite)

CTÉNOBRANCHES *(Suite)*	**GYMNOGLOSSES**	*Proboscidifères.*	PYRAMIDELLIDÆ. Coq. turriculée, hétérostr., op. corné.	{	Pyramidella. Odostomia. Turbonilla.
			EULIMIDÆ. Coq. subulée lisse, enroulem. régulier.		Eulima. Stylifer. Niso. Eulimella.
			MÉLANIADÉS ?	{	Chemnitzia. Loxonema. Macrocheilus

Semi-proboscidifères.
- VELUTINIDÆ ou MARSENIACÆ. { Velutina. Platyostoma. Marsenia.
- TRICHOTROPIDÆ. { Trichotropis. ? Purpurina.
- ? JANTHINIDÆ. Auct.
- NATICIDÆ. { Vanikoro. Naticopsis. Natica. Sigaretus. Ampullina. Amauropsis. Mamilla. Neverita. Deshayesia. Tylostoma.

TÆNIOGLOSSES — **HOLOSTOMES**

Rostrifères.
- AMPULLARIDÆ. { Ampullaria. Lanistes.
- VALVATIDÆ. { Valvata. Gyrorbis.
- CYCLOPHORIDÆ. { Cyclophorus. Cyclotus.
- PALUDINIDÆ. { Paludina. Vivipara. Tulotoma.
- BYTHINIDÆ. { Bythinia. Nystia. Tylopoma.
- HYDROBIDÆ. { Hydrobia. Belgrantia. Pyrgula. Assiminea.
- RISSOÏDÆ. { Rissoa. Keilostoma. Diastoma. Skenea.
- TRUNCATELLIDÆ. { Truncatella.
- CYCLOSTOMIDÆ. { Cyclostoma. Tudora. Megalomastoma. Pomatias. Strophostoma. Orygoceras.
- LITTORINIDÆ. { Littorina. Tectarius. Lacuna. Fossarus.
- XENOPHORIDÆ. { Xenophora. Onustus.
- CAPULIDÆ. { Stenotheca. Callyptræa. Galerus. Crepidula. Hipponyx. Capulus.

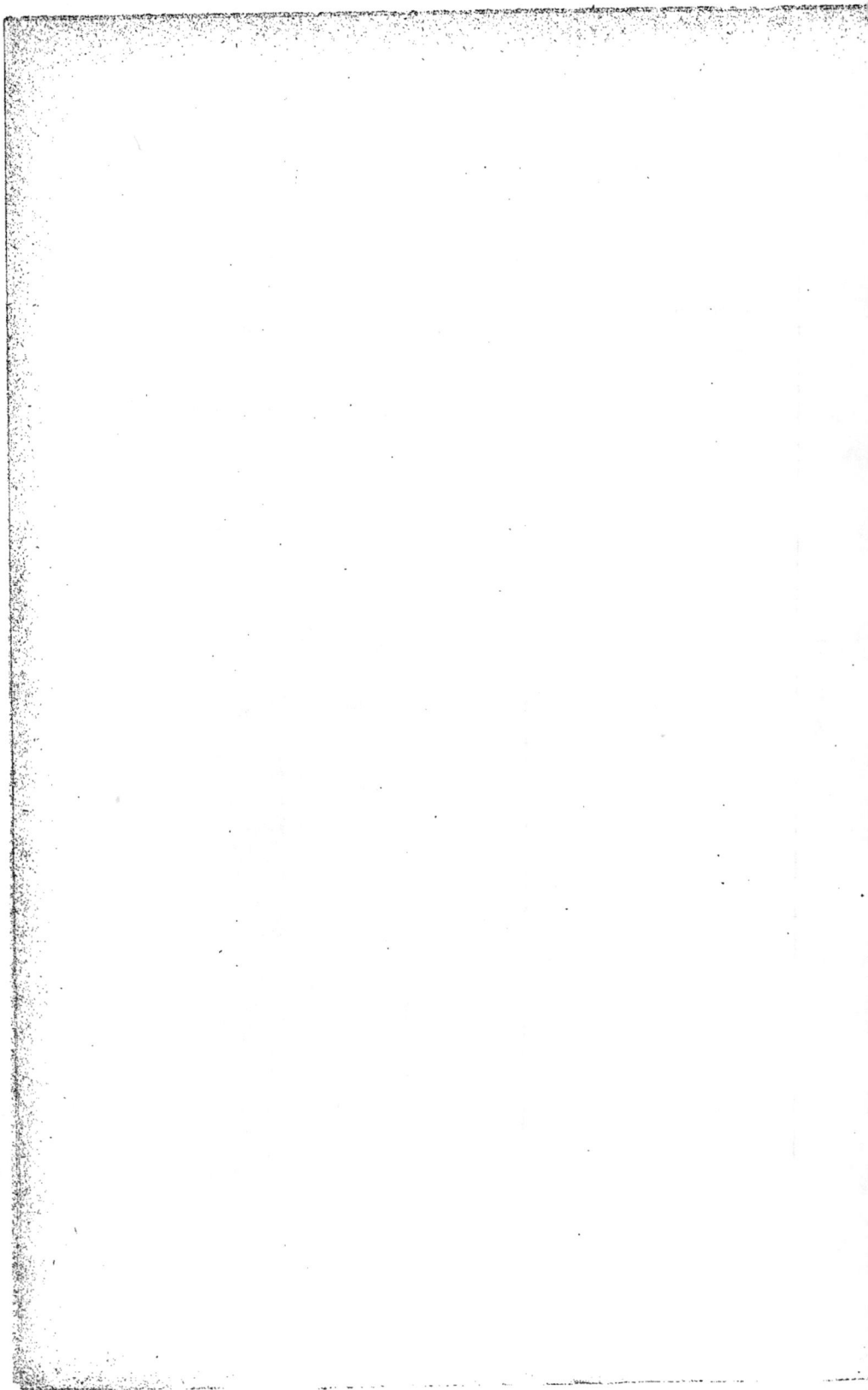

CLASSIFICATION DES PROSOBRANCHES
(Suite)

CTÉNOBRANCHES (Suite)

TÆNIOGLOSSES (Suite)

HOLOSTOMES (Suite) — PSEUDO-HOLOSTOMES — Rostrifères

Rostrifères :
- CÆCIDÆ. — Cæcum.
- VERMETIDÆ. — { Vermetus. / Siliquaria.
- TURRITELLIDÆ. — { Turritella. / Proto / Mesalia. / Glauconia = Cassiope.

- PSEUDOMELANIADÆ. — Loxonema. / ? Macrocheilus. / ? Orthonema. / ? Chemnitzia. / Bayania.
- MELANIADÆ :
  - STREPTOMATIDÆ — Pleurocera. / Goniobasis (Lea). / Ptychostylus.
  - MELANIDÆ — Melania. / Paludomus. / Hantkenia. / Melanopsis. / Faunus. / Melanoptychia.

SIPHONOSTOMES

Rostrifères — Entomostomes :
- CERITHIIDÆ. — Cerithium, sens. str. / Campanile. / Tympanotomus. / Lampania. / Vertagus. / Fibula. / Vicarya. / Potamides. / Telescopium. / Bittium. / Cerithiopsis. / Cerithella.
- NERINEINÆ. — Nerinea, sens. str. / Ptygmatis. / Itieria. / Cryptoplocus. / Aptyxis.

Alata :
- APORRHAÏDÆ. ou CHENOPIDÆ. — Alaria. / Spinigera. / Aporrhaïs. / Malaptera.
- STRUTHIOLARIIDÆ. — Struthiolaria. / Halia. / Loxotrema.
- STROMBIDÆ. — Pterocera, sens. str. / Harpago. / Harpagodes. / Pterodonta. / Strombus. / Terebellum. / Rostellaria. / Rimella.

Semi-proboscidifères — Involuta :
- CYPRÆIDÆ. — Cypræa. / Trivia. / Ovula. / Pedicularia. / Erato.

Proboscidifères — Canalifera :
- CASSIDIDÆ. — Cassis. / Cassidaria. / Sconsia. / Oniscia.
- DOLIIDÆ. — Dolium.
- FICULIDÆ. — Ficula.
- TRITONIIDÆ. — { Tritonium. / Distorta. / Ranella.

CLASSIFICATION DES PROSOBRANCHES

(Suite)

CTÉNOBRANCHES (Suite)	STÉNOGLOSSES	RHACHIGLOSSES	GLOSSOPHORES	Mononephrides.	BUCCINIDÆ.	Buccinum. Cominella. Pseudoliva. Bullia. Petersia. Nassa. Cyclonassa Eburna.
					COLOMBELLIDÆ.	Columbella. Columbellaria Zittelia.
					PURPURIDÆ.	Purpura. Purpuroïdea. Rapana. Stenomphalus
					FUSIDÆ.	Fusus. Chrysodomus. Euthria. Hemifusus. Clavella. Leiostoma. Pisania. Pollia. Fasciolaria. Latirus. Melongena. Tudicla. Turbinella.
					MURICIDÆ.	Murex. Typhis. Trophon.
					? CANCELLARIDÆ. V. TOXIGLOSSES.	
				Pygnonephrides.	VOLUTIDÆ.	Marginella. Mitra. Volutomitra. Voluta. Musica. Scapha. Volutoderma. Volutilithes. Athleta. Melo.
					? PLEUROTOMIDÆ.	
					HARPIDÆ.	Harpa. Harpopsis.
				Schizopodes.	OLIVIDÆ.	Oliva. Ancillaria.
			AGLOSSES		CORALLIOPHILIDÆ.	Coralliophila. Magilus. Rapa.
		Acrophthalmes.			TEREBRIDÆ.	Terebra.
	TOXIGLOSSES	Pleuroph-thalmes.			? PLEUROTOMIDÆ	Pleurotoma. Genota. Drillia. Clavatula. Borsonia. Dolichotoma. Clathurella. Mangilia. Raphitoma. Provocator.
					CONIDÆ.	Conus. Conorbis.
					CANCELLARIDÆ.	Cancellaria.

CLASSIFICATION DES PULMONÉS

BASOMMATOPHORES	GÉHYDROPHILES	AURICULIDÆ.	Auricula. Cassidula. Alexia. Stolidoma. Carychium. Polyodonta. Pythiopsis.
		OTINIDÆ.	Otina. Camptonyx.
		? AMPHIBOLIDÆ.	Amphibola.
	HYGROPHILES	LIMNÆIDÆ.	Limnæa. Planorbis. Ancylus. Brondelia.
		PHYSIDÆ.	Physa. Aplexa.
	THALASSOPHILES	SIPHONARIIDÆ.	Siphonaria. ? Hercynella. ? Valencienna.
		GADINIDÆ.	Gadinia. Delongchampsia. Anisomyon.
STYLOMMATOPHORES — MONOTREMATA — GNATHOSTOMATA	AGNATHES	TESTACELLIDÆ.	Testacella. Glandina. Cylindrella.
	HOLOGNATHES	LIMACIDÆ.	Limax. Amalia.
		HELICIDÆ.	Helix. Vitrina. Zonites. Bulimus, pars. Hyalina. Anostomopsis.
		BULIMULIDÆ.	Bulimus, max. p. Bulimulus. Amphidromus. Cylindrella.
		PUPIDÆ.	Lychnus. Buliminus. Pupa. Vertigo. Megaspira. Strophia. Rillya. Clausilia.
		STENOGYRIDÆ.	Achatina. Stenogyra. Ferussacia.
	ELASMOGNATHES	SUCCINEIDÆ.	Succinea. Hyalimax. Athoracophorus.
DITREMATA	Terrestria.	VAGINULIDÆ.	Vaginula.
	Aquatica.	ONCIDIIDÆ.	Oncidiella

CLASSIFICATION DES PTÉROPODES

GYMNOSOMES	MALACODERMATA	Clidæ.	**Pneumoderma.** **Clio.**
	SCLERODERMATA	Eurybiidæ.	**Eurybia.** **Psyche.**
THÉCOSOMES	SUBTESTACEA	Cymbuliidæ.	**Cymbulia.**
	SPIROCONCHES	Limacinidæ.	**Limacina.** **Protomedea.** **Spirialis.**
	ORTHOCONQUES — **Operculés.**	? Hyolithidæ.	**? Hyolithes** (? Scaphopode). **Clathrocœlia.**
	ORTHOCONQUES — **Inoperculés.**	Pterothecidæ.	**Pterotheca.** **? Phragmotheca.**
		Conulariidæ.	**Conularia.**
		Cavolinidæ.	**Cavolinia, Hyalea.** **Cleodora.** **Diacria.** **Vaginella.** **Cuvieria.** **Coleolus.** **Tentaculites.**

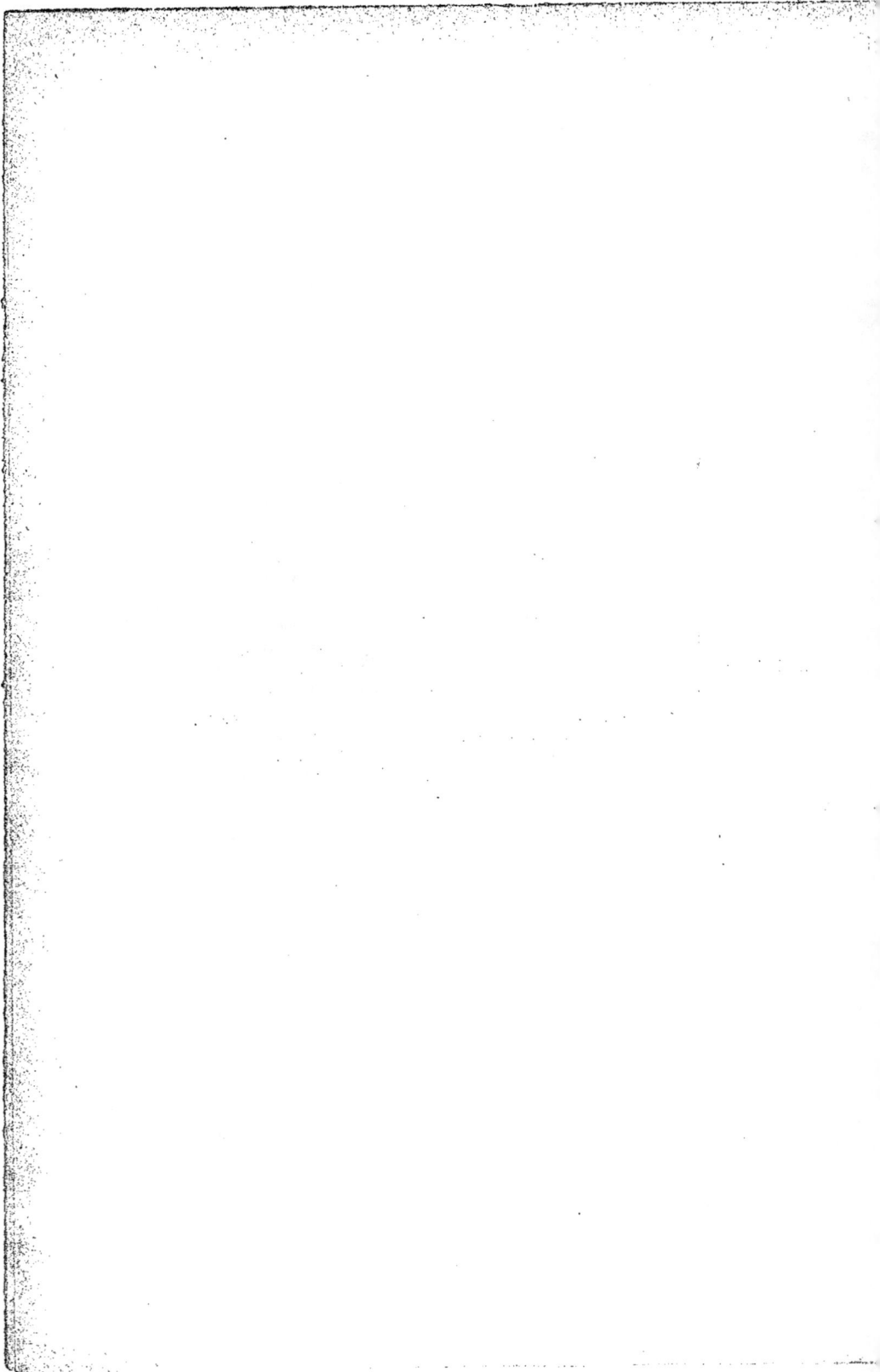

CLASSIFICATION DES CÉPHALOPODES

TÉTRABRANCHIAUX	{	NAUTILOÏDEA Loge init. conique, siphon médian, cloisons simples.	
AMMONOÏDES Siphon ventral, cloisons lobées ou persillées.	{	RÉTROSIPHONÉS {	GONIATITIDÆ. CLYMENIIDÆ.
		PROSIPHONÉS	AMMONEA.
DIBRANCHIAUX	{	DÉCAPODES	
		OCTOPODES	

CLASSIFICATION DES NAUTILOÏDEA

		Genres à ouverture simple.	Genres à ouverture rétrécie ou composée.
	ORTHOCERATIDÆ. Coquille droite, cloisons et partie cloisonnée bien développées.	**Piloceras.** **Endoceras.** **Orthoceras.** **Huronia.** **Gonioceras.** **Eudoceras.** **Tripteroceras.** **Clinoceras.** **Tretoceras.** **? Bactrites.**	**Gomphoceras.**
	ASCOCERATIDÆ. Coq. droite, Partie cloisonnée tronquée.	**Ascoceras.** **Aphragmites.**	**Mesoceras.** **Glossoceras.** **Billingsites**
RÉTROSIPHONATA **= Metachoanites.**	CYRTOCERATIDÆ. Coq. simplement arquée.	**Cyrtoceras.** **Uranoceras**, pars.	**Phragmoceras.**
	NAUTILIDÆ. Coq. discoïdale enroulée en spirale dans un plan.	**Uranoceras**, pars. **Cyroceras.** **Discoceras.** **Lituites.** { *Discoceras.* *Strombolituites.* **Trocholites.** **Nautilus** { *Temnocheilus.* *Endolobus.* *Discites.* *Vestinautilus.* *Nautilus* s. str. *Pseudonautilus.* *Pleuronautilus.* **Gryptoceras.** **Aturia.**	**Ophidioceras** **Lituites** { **Lituites**, s. str. **Ophidioceras.** **Hercoceras.**
	TROCHOCERATIDÆ. Coquille en hélice.	**Trochoceras.**	**Adelphoceras**
PROSIPHONATA **= Prochoanites.**	NOTHOCERATIDÆ. Coq. droite enroulée dans un plan.	**Bathmoceras.** **Nothoceras.**	

NOTA. — Des mâchoires de Nautiles ont été décrites sous les noms de **Rhynchoteuthis**, **Paleoteuthis** et **Scaptorhynchus**.

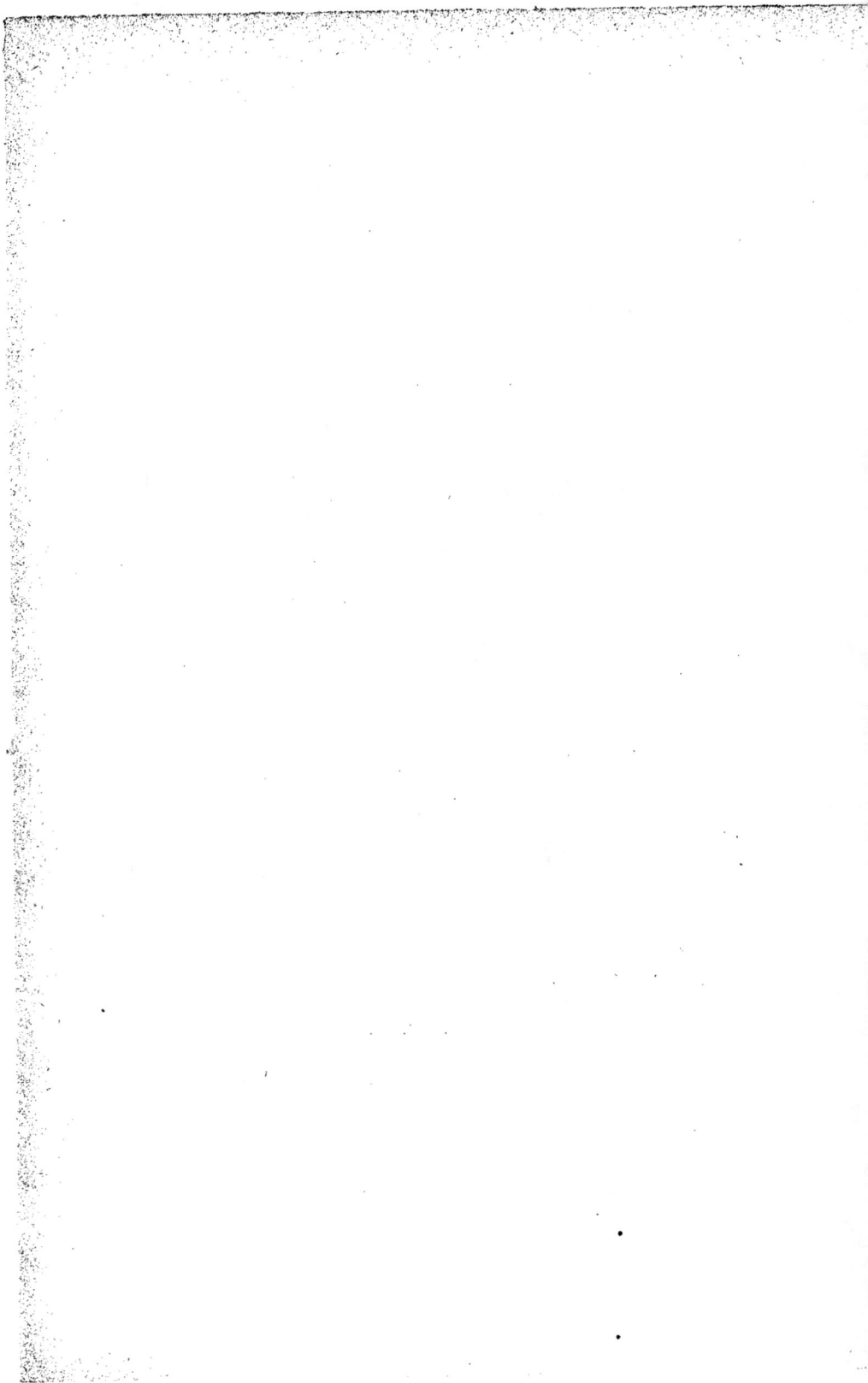

CLASSIFICATION DES AMMONOÏDEA

RETROSIPHONATA

GONIATITIDÆ Siphon ventral, loge initiale sphérique.	**LONGIDOMES** Loge d'habitation supérieure à un tour de spire.	ANARCESTIDÆ. Sect. primit. semi-lu- naire, accroissement lent, ombilic large. *Simplices*, pars ; *Nautilini*, pars. Dévonien.

Chiloceras.
Anarcestes.
Cœleceras.
Parodoceras.
? Meneceras.
Sporadoceras.
Dimeroceras.
Pharciceras.
Aganides.
Prionoceras.
Triænoceras.
Sandbergiceras.
Gonioloboceras.

GLYPHIOCERATIDÆ.
Sect. semi-lunaire
ou trapézoïdale,
selle médiane au milieu
du lobe externe.
Carbonif. et Permien.

Goniatites, sens. str. (*Crenistria*).
Munsteroceras (Pericyclus).
Gastrioceras.
Paralegoceras.
Schistoceras.
Brancoceras.
Glyphioceras.
Adrianites.
Agathiceras.

GEPHYROCERATIDÆ.
Sect. circulaire, lobe
ext. bifide.
Primordiales. Dév. sup.

Nomismoceras.
Timanites.
Gephyroceras.
S.-G. Manticoceras.
Beloceras.
? Gyroceras.
Prodromites.
Neiococeras.

BREVIDOMES
Loge d'habitation
inférieure
à un tour.

AGONIATITIDÆ.
Sect. primit. ogivale,
accroiss. rapide, ombilic
étroit.
Simplices, pars.

Agoniatites.
Mimoceras = Gyroceras.
Pinacites.
Tornoceras.
Meneceras.
? Aganides.
Nannites.
Dimorphoceras. S.-F. DIMORPHO-
CERATIDÆ.
Thalassoceras.
Proptychites.
Popanoceras.
Ussuria.
? Bactrites.

IBERGICERATIDÆ
ou
PROLECANITIDÆ.
Sect. rectang. Carbon.
et Permien.

Prolecanites.
? Schistoceras.
Ibergiceras.
Paraprolecanites.
Sicanites.
? Daraelites. Voir AMMONEA.
Pronorites.
Schuchertites.

Voir Haug, Mém. Soc. Géol., Mém. Paléont., n° 18.

5

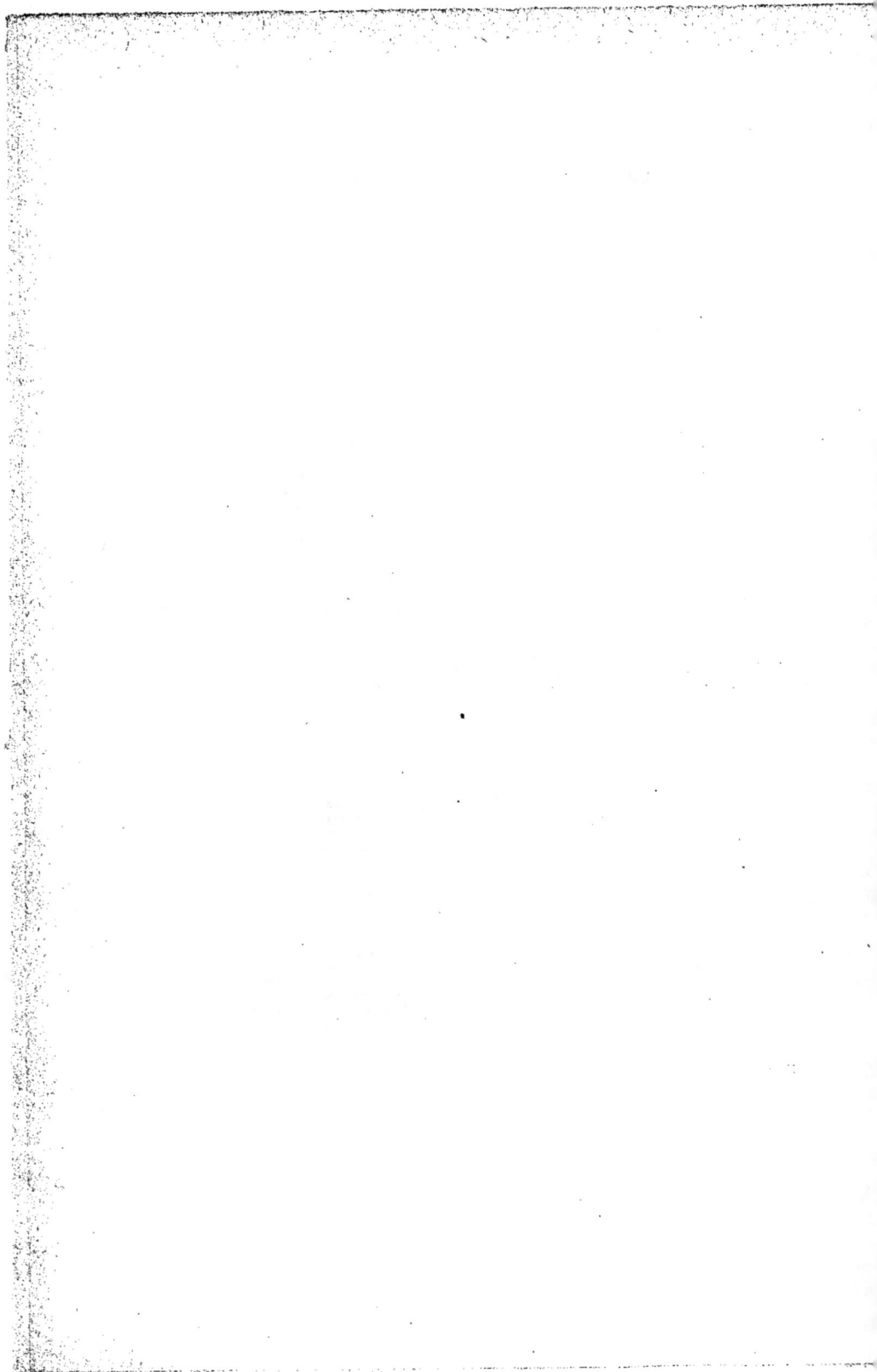

CLASSIFICATION DES AMMONOÏDEA

RETROSIPHONATA

(Suite)

CLYMENIIDÆ Siphon à la partie int. des tours de spire, loge initiale ovoïde. Paraissent se greffer sur **Gyroceras ? ?**	**EUCLYMENIÆ** Selle externe sans lobe, goulots courts.	ACANTHOCLYMENIÆ.	Type ancestral.
		CYRTOCLYMENIÆ, pars. Lobe latéral simple en arc arrondi.	C. angustiseptata. C. flexuosa. C. binodosa. C. lævigata.
		OXYCLYMENIÆ. Lobe lat. simple acuminé.	C. undulata. C. striata.
		CYMACLYMENIÆ. Lobe lat. plusieurs fois courbe.	C. bilobata.
	NOTHOCLYMENIÆ Goulots longs emboutis l'un dans l'autre.	SELLACLYMENIÆ. Selle ext. et tours plats peu envelopp.	C. angulosa.
		GONIOCLYMENIÆ. Id. avec lobe ext.	C. speciosa.
		? DISCOCLYMENIÆ. Lobe ext. et tours plats très envelopp.	C. Haueri.
	? CYRTOCLYMENIÆ, pars. Siphon inconnu, lobe ext. développé, tours ronds presque cyl., peu enveloppants.	C. planorbiformis.	
	Idem, tours discoïdes.	PLATYCLYMENIÆ. CRYPTOCLYMENIÆ.	

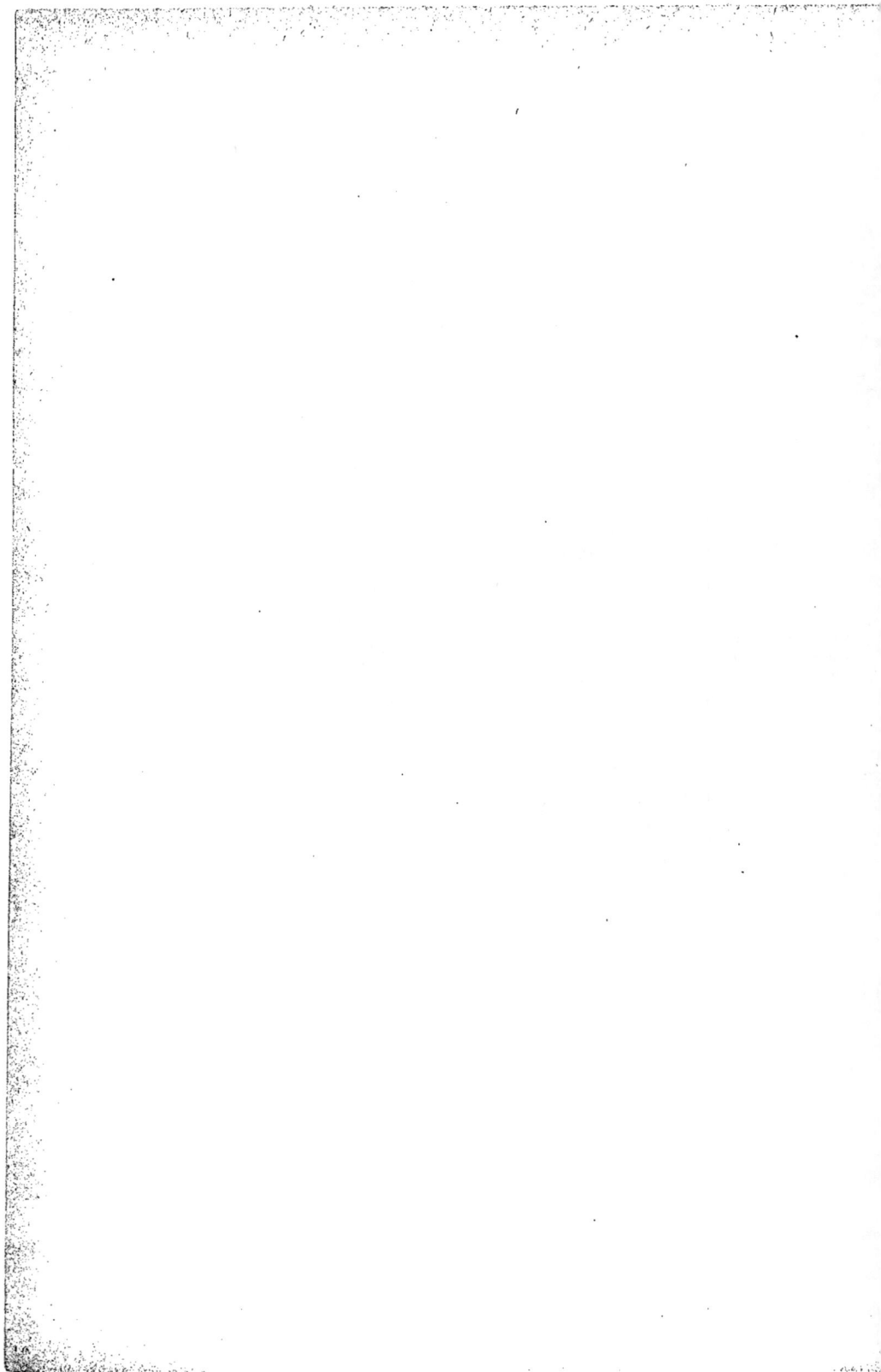

PRINCIPALES ESPÈCES DE GONIATITES

Fam. ANARCESTIDÆ.

Genre **Anarcestes** : *crispus, neglectus, crebriseptus, submautilinus, lateseptatus (plebeius), Denckmanni, Karpinskyi, Nœggerathi, plebeiformis, præcursor, vittatus, cancellatus.* Dév. inf. et moyen.
— **Cœleceras** : *C. præmaturum.*
— **Parodoceras** : *sublineare, sublæve, globosum = retrorsum,* pars, *cinctum, amblylobum, circumflexiferum, convolutum, curvispina, nehdense, oxyancantha, sacculus, subpartitum, Verneuilli.*
— **Meneceras** : *terebratum, acutolaterale, Decheni, excavatum, lagowiense, ? subbilobatum.*
Sous-genre **Sporadoceras** : *bidens, Munsteri, Hæninghausi, subbilobatum.*
Groupe du *G. Hercynicus.*
Genre **Dimeroceras** : *mammiliferum, sphæroides.*
— **Pharciceras** : *tridens, clavilobum, Becheri, ? lunulicosta, ? tuberculoso-costatum.*
— **Aganides** (non **Nautiloïdea**) : *rotatorius, ornatissimus, Jessiæ, Pygmæum* (**Brancoceras**, auct.).
— **Prionoceras** : *Belvelianum.*
— **Triænoceras** : *costatum.*
— **Sandbergiceras** : *tuberculoso-costatum, Chemungense.*

Fam. GLYPHIOCERATIDÆ.

Genre **Goniatites**, sensu stricto : *crenistria, sphæricus, obtusus, Harbotanus, complicatus, Cummensi, striatus = Djoulfensis, fimbriatus, incisus, involutus, Kentuckyensis, spiralis, vesica, Parishi, lunatus.*
— **Munsteroceras** : *Oweni, parallelum, tumidum, implicatum, Malladæ, mutabile, perspectivum, rotella, Whitei.*
Sous-genre **Pericyclus** : *princeps, furcatus, Kochi, funatus, plicatilis, Doohylensis, virgatus.*
Genre **Gastrioceras** : *Listeri, Jossæ, Marianum, Branneri, carbonarium, compressum, coronatum, entogonum, excelsum, Illinoissense, Kansasense, Kingi, Russiense, Montgomeryense, Nikitini, Rœmeri, sosiense, Suessi, Waageni, Zitteli, Fedorowi.*
Sous-genre **Paralegoceras** : *Jowense, Tchernyschewi, Baylorense.*
Genre **Brancoceras** : *sulcatum, lineare, ovatum.*
— **Schistoceras.**
— **Glyphioceras** : *stenolobum, striolatum, diadema, Beyrichianum, bilingue, calyx, excavatum, globulosum, Inostransewi, mutabile, reticulatum, micronotum, subcavum.*
— **Adrianites** : *Distephanoï, Stuckenbergi.*
— **Agathiceras** : *Hildrethi, Fultonensis, micromphalum, uralicum, Krotowi, Suessi, anceps, tornatum.*

Fam. GEPHYROCERATIDÆ.

Genre **Nomismoceras** : *spirorbis, paucilobum, vittigerum, gracile, Meneghinii, rotiforme, spiratissimum, Monroense, ornatum.*
— **Timanites** : *Hæninghausi, Archiaci, acutus, ? planorbis, multiseptatus.*
Sous-genre **Lecanites** et **Paralecanites**, très voisins de **Nomismoceras** : *Lecanites planorbis.*
Genre **Gephyroceras** et S.-G. **Manticoceras** : *calculiforme, æquabile, Buchi, serratum, forcipifer, lamed., intumescens* (**Mant.**), *complanatum, Wildungense, ? planorbis, Hæninghausi.*
— **Beloceras** : *multilobatum, Kayseri.*
— **? Gyroceras.**

Fam. des AGONIATITIDÆ.

Genre **Agoniatites** : *Bohemicus = Danenbergi, fecundus, fidelis, occultus, Vanuxemi = evexus = inconstans, bicanaliculatus, unilobatus, Zorgensis.*
— **Mimoceras = Gyroceras** : *compressum.*
— **Pinacites** : *emaciatus = Jugleri.*
— **Tornoceras** : *retrorsum, bicostatum, brilonense, discoideum, lentiforme, mithrax, mithracoïdes, aure., psittacinum, simplex, Stachei, subundulatum, undulatum, Westphalicum, inexpectatum.*
— **? ? Meneceras, Sporadoceras.**
— **Pronannites** : *complanatus, discus, hispanicus, implicatus, inconstans, truncatus, complicatus.*
— **Nannites** : *fugax, spurius.* Voir **Ammonea.**
— **Dimorphoceras** : *Gilbertsoni, discrepans, Looneyi, Brancoi.*
— **Thalassoceras** : *Gemellaroi.*
— **Proptychites** : *acutisellatus, hiemalis.*
— **Popanoceras** : *Kingianum, Soboleskyanum, scrobiculatum, Koninckianum.*
— **Ussuria** : *Schamaræ, Iwanowi.*

Fam. IBERGICERATIDÆ ou PROLECANITIDÆ.

Genre **Prolecanites** : *lunulicosta, Becheri, Henslowi = compressus, serpentinus, triphyllus ? Lyoni.*
— **? Schistoceras.**
— **Ibergiceras** : *tetragonum, ? triphyllum.*
— **Paraprolecanites ?** : *mixolobus, asiaticus, ceratitoïdes.*
— **Sicanites.**
— **Pronorites** : *mixolobus, cyclolobus, præpermicus.*

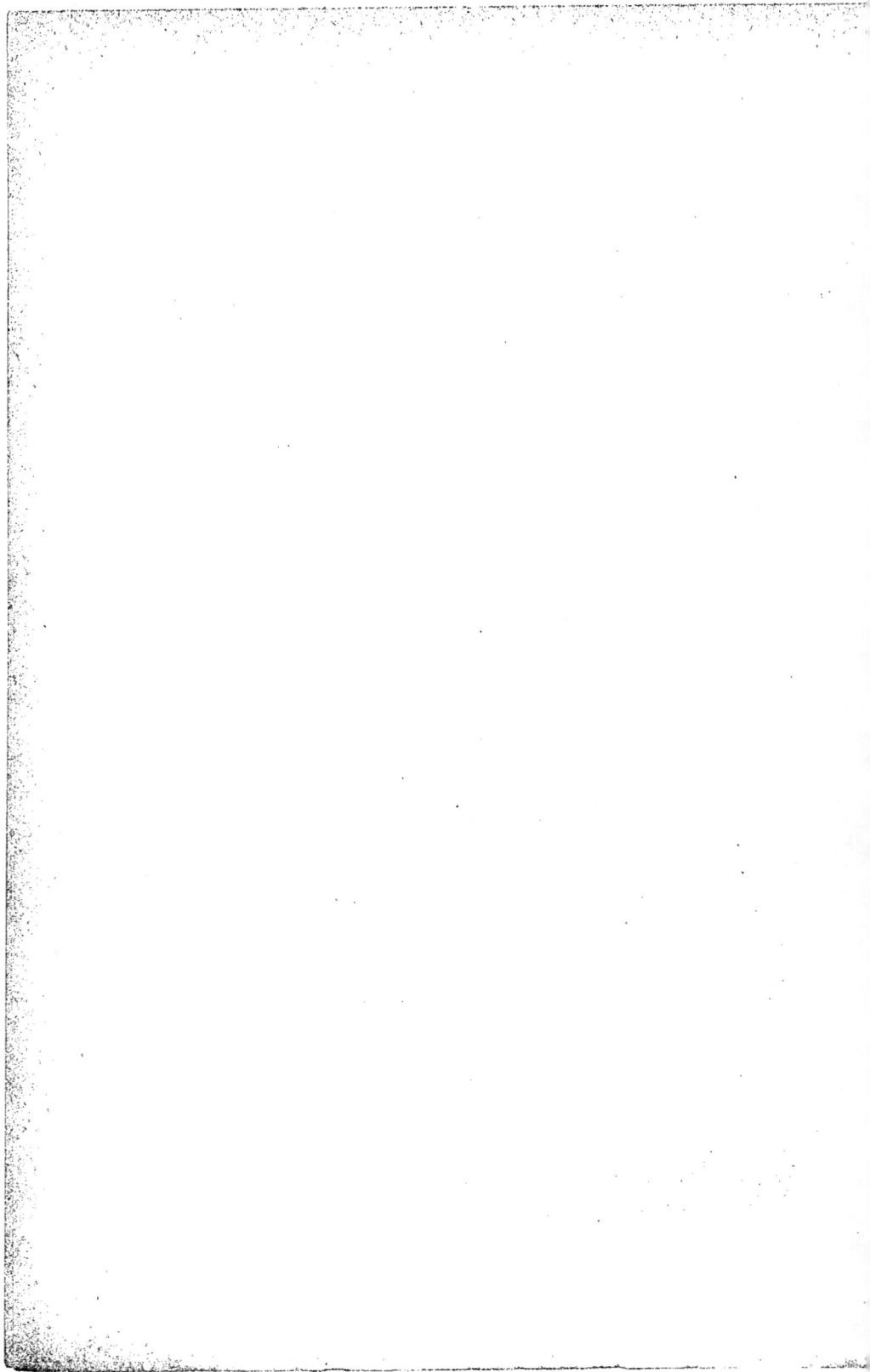

CLASSIFICATION GÉNÉRALE DES AMMONEA

PROSIPHONATA

L = *Leiostracha.* — T = *Trachyostraca.*

	LATISELLATI (**Anaptychidea**, pars.) Première selle large, pas d'aptychus ou anaptychus corné. (*Trachyostraca*, max. pars.)		ARCESTIDÆ. **L** TROPITIDÆ **T** CERATITIDÆ. **T** CLYDONITIDÆ. **T** CLADISCITIDÆ. **T** (Dans les Angustisellati, p. auct.)
ANGUSTISELLATI Première selle étroite.	**Anaptychidea,** pars.	Lobes à divisions paires. (*Leiostraca*, max. pars.)	PTYCHITIDÆ. **L** PINACOCERATIDÆ. **L** LYTOCERATIDÆ. **L** PHYLLOCERATIDÆ. **L** ? HAPLOCERATIDÆ. **T**
		Lobes à divisions impaires. (*Trachyostraca*)	AMALTHEIDÆ. **T** ÆGOCERATIDÆ. } **T** Ammoni- ARIETITIDÆ. } tidæ, Fisch.
	Aptychidea, *Aptychus* calcaire.	Lobes à divisions impaires. (*Trachyostraca*)	POLYMORPHIDÆ. **T** HARPOCERATIDÆ. **T** PULCHELLIDÆ. **T** STEPHANOCERATIDÆ. **T**

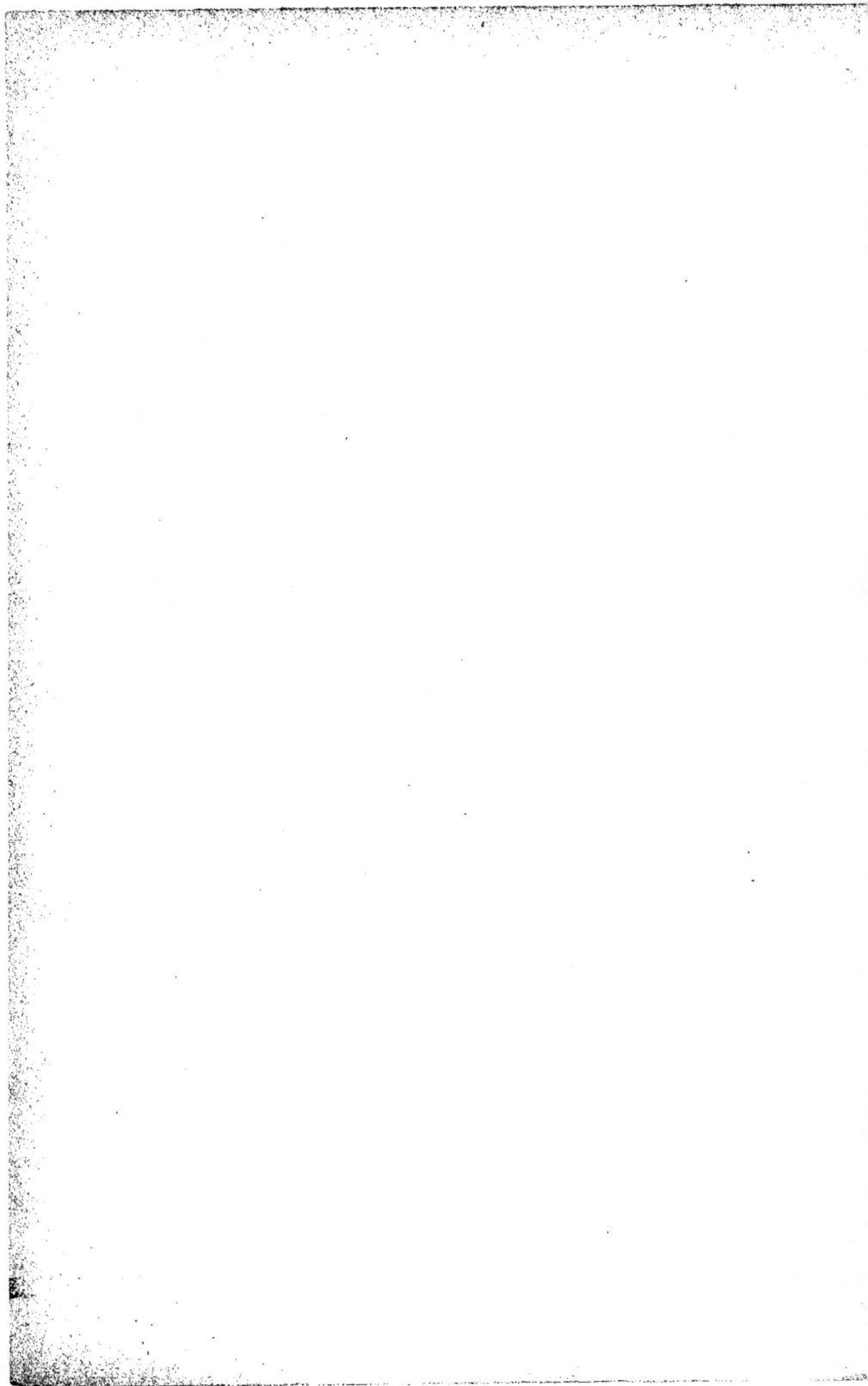

CLASSIFICATION DES LATISELLATI

ARCESTIDÆ et JOHANNITIDÆ.
Dernière loge très grande (Cf. **longi-domes**), coq. peu ornée, lobes et selles nombreux, traces d'anaptychus corné, coquille globuleuse.
Formes descendant
des **Agathiceras** et **Anarcestes**.

Arcestes, sensu stricto.
Accroiss. lent, embrassant, ombilic étroit, surf. lisse ou stries fines.

| *Extralabiati.* |
| *Sublabiati.* |
| *Bicarinati.* |
| *Coloni.* |
| *Intuslabiati.* |
| *Galeati* |
| *Subumbilicati.* |
| Formes de passage ⟨ *A. priscus.* |
| aux Goniatites. ⟩ *A. antiquus.* |

Schumardites.
Sphingites, ombilic large.
Stacheoceras.
Cyclolobus, ombil. profond, étroit.
Johannites, selles à div. paires, ligne arquée.
Lobites ombilic étroit ou nul, dernier tour différent.
Waagenaceras.
? **Popanoceras**, type de passage. Voir GONIATITES.
Hyattoceras, dentelures peu accentuées.
Prosphingites (? PTYCHITIDÆ).

TROPITIDÆ et HALORITIDÆ.
Dernière loge très grande, coq. ornée de côtes radiales avec épines et tubercules.
Formes descendant du groupe
Glyphioceras-Pericyclus, provenant lui-même de
Anarcestes.
Aff. avec **Popanoceras**.

Didymites, ligne suturale peu découpée.
Tropites, discoïde, quille ventrale.
Styrites.
Margarites.
Halorites, ombilic étroit, côtes tuberculeuses. ⟩ TROPITIDÆ.
Tardeceras.
Jovites
Homerites.
Juvavites, lobes moins découpés. ⟩ HALORITIDÆ.
? **Sagenites**, fines côtes et lignes spirales.
Entomoceras, quille tranchante.
? **Distichites**, côtes bifides.
Celtites, quille médiane filiforme. ⟩ CELTITIDÆ.
Tropiceltites.
Sibirites, petite, discoïde interrup. ventrale. ⟩ SIBIRITIDÆ.
Metasibirites.
Thetydites.
Forme de passage : **Thalassoceras**. Voir GONIATITES.

MEEKOCERATIDÆ.
Phylum des GEPHYROCERATIDÆ.

Lecanites.
Meekoceras.
Aspidites.
Beneckeia. Cf. PINACOCERATIDÆ.

CERATITIDÆ.
Dernière loge courte, lobes dentés, selles entières.
Descendent peut-être des CLYMENIIDÆ ou des PROLECANITIDÆ.

DINARITINÆ.
Ombilic large, forts plis.

Ceratites, discoïde, large ombilic, grosses côtes.
Dinarites, côtes simples.
Beyrichytes.
Japonites.
Klipteinia, sillon ext., tubercules.
Arpadites, sillon médian avec quilles.
Clionites.
Daphnites.
Dionites.

TRACHYCERATINÆ.
Côtes rayonnantes et côtes spirales; tubercules.

Trachyceras, ombilic assez étroit, sillon ext.
Tirolites, discoïde.
Balatonites, quille tuberculeuse.
Drepanites.
Heraclites, fortes côtes, tubercules.
Acrochordiceras, gros tuberc. ombilic.
Proptychites.
Inyoïtes.
Dorycranites.
Cyrtopleurites.
? **Hungarites**, grande carène médiane.
Otoceras.
? **Meekoceras**, coq. aplatie.

CLASSIFICATION DES LATISELLATI

(Suite)

CERATITIDÆ. *(Suite)*	TRACHYCERATINÆ *(Suite)*	Distichites. Ectoclytes. Anolcites. Eremites. Sandlingites. Dawsonites. Sirenites.

CLYDONITIDÆ.
= Orthopleuritea.
Chambre d'habit. courte, lobes
et selles simples, formes
non embrassantes souvent déroulées.
Se rattachent aux CERATITIDÆ,
dont elles paraissent des types
d'extinction.

- **Clydonites**, côtes serrées continues.
- **Polycyclus.**
- **Choristoceras**, côtes interrompues, espacées.
- **Helicites**, fortes côtes droites continues.
- **Badiolites**, carène tranchante **(Ceratitidæ ?).**
- **Choristoceras**, coquille évolute, dernier tour séparé
- **Cochleoceras**, turriforme.
- **Rhabdoceras**, coq. droite.

CLADISCITIDÆ.
Selles et lobes découpés, dernière loge
demi-tour.
Présentent des rapp. avec
ARCESTIDÆ et PINACOCERATIDÆ.

- **Gladiscites**, involute aplatie, sans ombilic
- **Procladiscites**, striée en spirale.
- **Sturia.**

CLASSIFICATION DES ANGUSTISELLATI

PTYCHITIDÆ.
Groupe ancestral très hétérogène,
descendant des GLYPHIOCERATIDÆ,
loge d'habit. environ
trois quarts de tour, ligne suturale
très variable, origine commune
avec les ARCESTIDÆ. Paraissent être
la souche des AMALTHEIDÆ
et des ARIETITIDÆ.

- **Daraelites**, lobes et selles arrondis.
- **? ? Meekoceras**, plate, discoïde. Voir **Ceratitidæ.**
- **Xenodiscus**, discoïde, ombilic large.
- **? Hungarites**, haute quille médiane. Voir **Ceratitidæ** et **Meekoceratidæ.**
- **Gymnites**, plate, accroiss lent, presque lisse **(Arietitidæ)**
- **Ophiceras.**
- **Flemingites.**
- **Vischnuites.**
- **Ptychites**, ombilic étroit, plis plats **(Amaltheidæ).**
- **Nannites**, cloisons de Goniatites.
- **Proteites.**
- **Nathorstites.**
- **Prosphingites.**
- **Sphingites.**
- **Sturia**, idem. avec stries spirales
- **Owenites**

PINACOCERATIDÆ.
Dernière loge courte, coq. plates,
discoïdes, peu ornées, ligne suturale
généralement assez compliquée.
Paraît dériver de **Beloceras** et plus
anc. des GEPHYROCERATIDÆ.

? Beneckeia, discoïde, ombil. étroit, quille tranchante, cloisons simples Cf. **Ceratitidæ.** S.-G **Longobardites**, lobe lat faiblem. dentelé. **Norites**, selles étroites, lobes fiuem. dentelés **Carnites**, plate, discoïde, ombilic étroit, deux faibles quilles. **Tellerites.** **Arthoberites.**	NORITINÆ.
Sageceras, discoïde, lisse, selles et lobes nombr. à 2 pointes courtes. **Episageceras.** **Pseudosageceras.** **Cordillerites.** **Medlicottia**, id., selles étr. linguif.	MEDLICOTTINÆ.

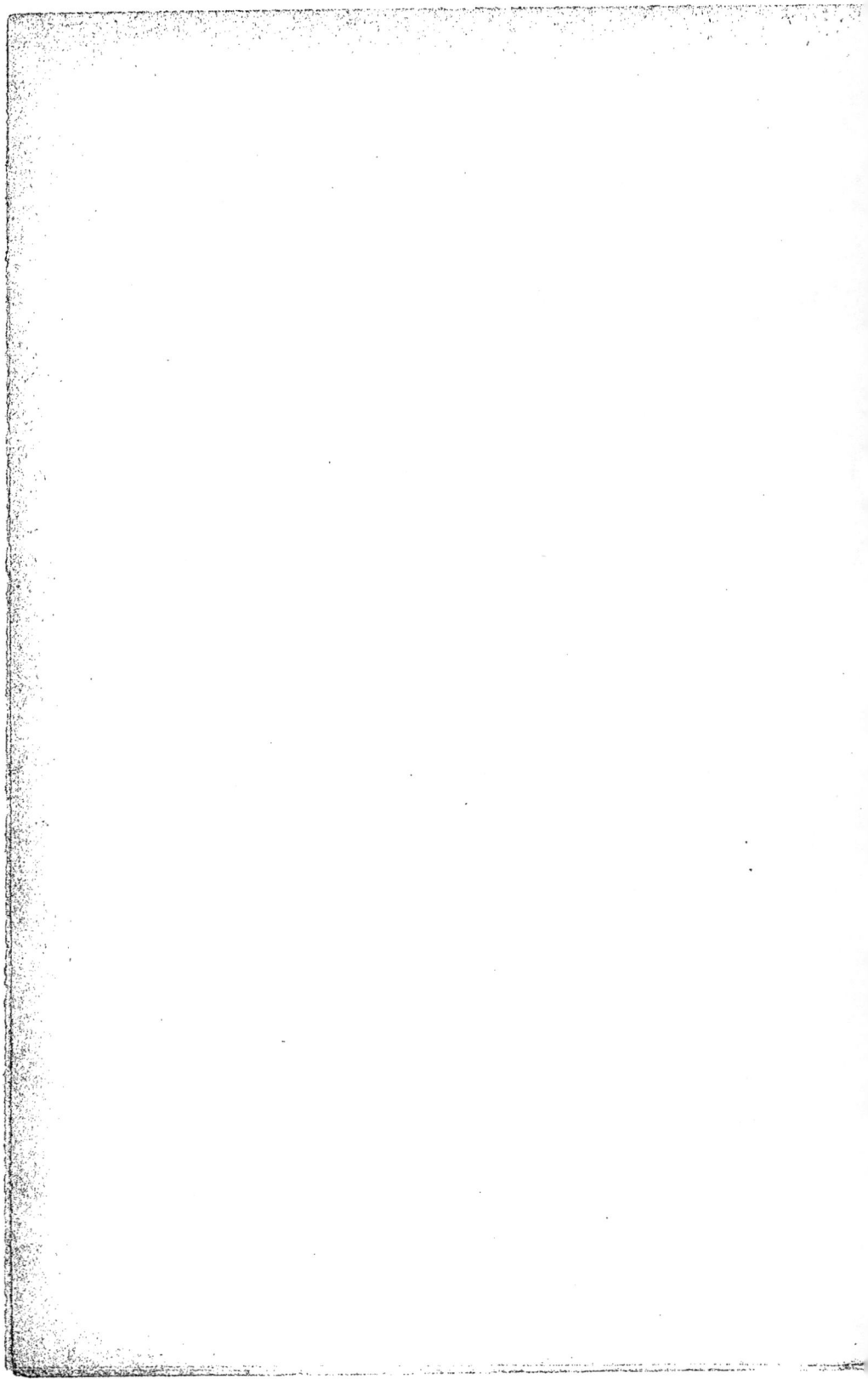

CLASSIFICATION DES ANGUSTISELLATI

(Suite)

PINACOCERATIDÆ.
(Suite)

Pinacoceras, ouverture élevée, ligne interne très persillée.
Hedenstrœmia.
Clypites.
Placites.
Bambanagites.
Pompeckjites.

} PINACOCERATINÆ.

? **Norites**, selles étroites, élevées, dérive de **Pronorites**.
Lecanites, ombil. large, tours plats, ligne suturale ondulée.

} Formes ancestrales.

LYTOCERATIDÆ.
Ombilic large, lobes peu nombreux et pairs, prof. découpés, selles à divisions paires. Descendent des LECANITIDÆ et des PROLECANITIDÆ

Lytoceras, tours arrondis, peu serrés

{ *fimbriati.*
strangulati.
articulati.
lævigati.

Tetragonites.
Costidiscus, côtes droites, simples.
Gaudryiceras.
Jauberticeras.
Kossmatella.
Pseudophyllites.
Macroscaphites.
Pictetia.
Hamites.
Hamulina.
Ptychoceras.
Diptychoceras.
Bostrichoceras.
Anisoceras.
Turrilites, sensu stricto.
Helicoceras.
Lindigia.
Baculites.
Baculina.

Formes déroulées classées dans les STEPHANOCERATIDÆ par plusieurs auteurs.

PHYLLOCERATIDÆ.
Selles en feuilles, lobes à divisions paires. Descendent de **Popanoceras et Stacheoceras.** Aff. avec les GÉPHYROCERATIDÆ par **Nomismoceras.** avec les AGONIATITIDÆ par **Thalassoceras.**

Megaphyllites, ombilic nul, coq. lisse.
Parapopanoceras.
Phylloceras, omb. étroit, plis passant sur la face ventrale.
  a) *heterophylli ;*
  b) *seroplicati ;*
  c) *flabellati ;*
  d) *strangulati ;*
  e) *refracti.*
Monophyllites, ombilic large, selles monophylles.
Discophyllites.
Rhacophyllites, ombilic large, tours aplatis, selles polyphylles.

HAPLOCERATIDÆ.
Face ventrale général. arrondie, faces lat. aplaties, lobes à div. paires. Affinités avec **Rhacophyllites** et avec les HARPOCERATIDÆ.

Haploceras, ombilic assez étroit, peu ornée.
Desmoceras, étranglem. ou varices arquées en avant.
  a) Type *Beudanti ;*
  b) — *difficile ;*
  c) — *latidorsatus* (**Latidorsella**).
  d) — *Gardeni* (**Hauericeras**).
Brahmaïtes.
Uhligella.
Puzozia, côte falciformes, forts étranglem.
Silesites, plate, discoïde, large ombilic.
Pachydiscus, renflée, face ventr. arrondie.
Neoptychites.
Mosjisovicsia, tours lisses arrondis, faibles étranglements.

AMALTHEIDÆ.
Carène se continuant en avant. Dérivent des PTYCHITIDÆ

Oxynoticeras, discoïde, quille tranchante.
Buchiceras, discoïde, ligne sut. de **Cératite.**
Sphenodiscus, id., selle externe divisée en trois.
Neolobites, selles et lobes à cont. simple.
Amaltheus, sensu str., côtes simples, carène cordée.
Cardioceras, côtes bifides, carène cordée.

CLASSIFICATION DES ANGUSTISELLATI

(Suite)

AMALTHEIDÆ.
(Suite)

S.-G. **Quenstedticeras.**
Placenticeras, discoïde, carène tranchante.
Forbesiceras.
Neumayria, Nitikin, non Bayle, selles et lobes larges.
Schlœnbachia, face ventrale ass. large, avec quille.
S.-G. **Mortoniceras.**
S.-G. **Peroniceras.**
Barroisiceras.
Gauthiericeras.
Prionocyclus.
Prionotropis.

ARIETIDÆ.
Accroissement lent, dernière chambre longue, côtes droites, suture ass. simple, face ventrale avec carène ou interruption.
Dérivent des **Gymnites** par l'intermédiaire des **Psiloceras**

Psiloceras, tours arrondis, suture simple ou dentée.
Schlotheimia, côtes interr. sur la face ventrale.
Caloceras (Ophioceras), carène obtuse.
Vermiceras, côtes serrées, carène persist.
Agassiziceras, côtes faiblem. arquées, carène.
Arnioceras, côtes et forte carène.
Cymbites, coq. petite, tours arrondis.
Coroniceras (Arietites), carène et deux sillons.
? **Oxynoticeras**, présente stades jeunes d'**Arietites**.
?? **Lillia**. Voir HARPOCERATIDÆ.

ÆGOCERATIDÆ.
Accroissement lent, côtes s'aplatissant ou se divisant sur la face ventrale.
Dérivent de **Psiloceras.**

Ægoceras (Microceras.)
Deroceras (Dactylioceras).
Platypleuroceras, côtes simples, deux séries de tuberc.
Microderoceras, côtes droites, une épine.
? **Liparoceras**. Voir POLYMORPHIDÆ.
Cycloceras, plate, discoïde, côtes simples.

POLYMORPHIDÆ.
Discoïdes, largem. ombiliquées, côtes bifurquées, un lobe auxil., formes jeunes ressemblant à **Ægoceras.**

Liparoceras, accroiss. ass. rapide, tours int. lisses, extér. avec côtes tuberc.
Polymorphites, étrangl. périodiques : Steph., auct.
Dumortieria, côtes falciformes : **Hoplites**, auct.
Hammatoceras, quille dans le jeune âge. **Harp.**, auct.

HARPOCERATIDÆ.
Discoïdes, côtes falciformes, carène ; oreillettes lat. Aptychus calc., dérivent des ARIETITIDÆ.

Harpoceras, gr. de l'Algovianum.
Hildoceras, carène et deux sillons.
Lillia, tubercules ombilicaux.
Hecticoceras, tours internes lisses.
Ochetoceras, quille tranchante, sillon latéral, groupe voisin avec quille à deux sillons.
Grammoceras, ombilic large, côtes simples.
Leioceras, ombilic étroit, côtes aplaties, flancs lisses.
Ludwigia, côtes bifides ou fines stries.
? **Hammatoceras**, quille dans le jeune âge, genre incertæ sedis.
Lissoceras, cordons espacés.
Sonninia, tubercules latéraux.
S.-G. **Zurcheria.**
Oppelia. { subradiatæ.
{ tenuilobatæ.
{ lingulatæ.
? **Sonneratia.**
Neumayria, tubercules et quille tuberculeuse.
Crenaticeras, quille crénelée.
Œkotraustes, côtes géniculées (mâle d'Oppelia pour Mun-Chalm.).

PULCHELLIDÆ.
Formes à cloisons simples, formes régressives crétacées.
Dérivent d'**Oppelia**

Stolickaïa, cloisons ass. bien découpées (Hoplites, auct.).
Pulchellia.
Tissotia.
Hemitissotia. } Lobes dentés (stade Cératite).
Pseudotissotia.
Heterotissotia.
? **Barroisiceras.**
? **Mammites.**
Neolobites, cloisons de Goniatites. Cf. AMALTHEIDÆ.

AMMONITIDÆ (Fisch.).

CLASSIFICATION DES ANGUSTISELLATI

(Suite)

STEPHANOCERATIDÆ.
Côtes en général bifurquées, pourvues de tubercules, pas de carène, suture à six lobes en général.
Aptychus calcaire, dernière loge : demi ou deux tiers de tour
Dérivent des **Deroceras** et **Dactylioceras**, et plus anciennement du groupe **Glyphioceras**.

STEPHANOCERATINÆ.

Cœloceras, tours arrondis, côtes divisées ininterrompues.
Stephanoceras, ombilic large et profond.
S.-G. **Stepheoceras.**
? Pachyceras.
Cadoceras, section trapézoïdale.
Sphæroceras, ombilic étroit, coq. globul.
Macrocephalites, ombilic très réduit, côtes sans tuberc.
Morphoceras, péristome rétréci.
Æcoptychius, dernière loge géniculée.
Protophytes, géniculée, ombil. linéaire.
Holcostephanus, tubercules très voisins de l'ombilic.
S.-G. **Craspedites.**
Reineckeia, étranglements périodiques et interrupt. ventrale.

PERISPHINCTINÆ.

Holcodiscus, côtes serrées, étranglements.
Perisphinctes, étrangl. périodiques.
S.-G. **Virgatites.**
Peltoceras, côtes fortes, bifurquées dans le jeune.
Aspidoceras, tubercules épineux.
Simoceras, plate, ombil. large, étranglem.
Waagenia, sillon ventral et quille tuberc.

COSMOCERATINÆ.

Cosmoceras, ombilic large, coq. très ornée.
Parkinsonia, jeune comme Cosmoc.. sillon ventral
? Sutneria, côtes divisées, tuberculeuses.

HOPLITIDÆ.

Hoplites, face ventrale aplatie, côtes bifides.
? Type *radiatus* (**Dumortieria**, auct.).
Type *cryptoceras.*
— *interruptus.*
— *Deshayesi.*
— *Dutempleanus* (**Sonneratia**, auct.).

S.-G. **Paraphlites.**
S.-G. **Leymeriella.**
? Stoliczkaia, côtes non interr. à la périph.
? Schlœnbachia (*pars*, auct.)
Acanthoceras, tours épais, côtes tuberc.
S.-G. **Douvilleiceras.**
? Mammites, cloisons relat. simples.
? Sonneratia.
? Buchiceras.
Placenticeras.
Sphenodiscus.
Formes à cloisons de Cératites, placées ici par divers auteurs.

FORMES DÉROULÉES.

Scaphites, dernier tour libre.
Astiericeras.
Crioceras=**Ancyloceras**, tours ouverts.
(Les formes jurassiques dérivent peut-être de **Cosmoceras**.)
Fischer place en outre ici toutes les **formes déroulées** que nous avons placées dans les LYTOCERATIDÆ.

6

CLASSIFICATION DES DIBRANCHES

D'APRÈS FISCHER

OCTOPODES

- Ventouses sur un rang. (MONOCOTYLEA)
  - Des cirrhes sur les bras. CIRROTEUTHIDÆ.
  - Pas de cirrhes. ELEDONIDÆ.
- Ventouses sur deux ou trois rangs. (POLYCOTYLEA)
  - App. de résist. charnu. OCTOPIDÆ.
  - App. de résist. cartilagineux.
    - Femelle sans coquille. TREMOCTOPIDÆ.
    - Femelle avec coquille. ARGONAUTIDÆ.

DÉCAPODES

- **CHONDROPHORES**
  - **Oigopsides.** Cornée largement ouverte.
    - CRANCHIDÆ.
    - CHIROTEUTHIDÆ.
    - THYSANOTEUTHIDÆ.
    - ONYCHOTEUTHIDÆ.
  - **Myopsides.** Cornée entière.
    - SEPIOLIDÆ.
    - SEPIADARIIDÆ.
    - IDIOSEPIIDÆ.
    - LOLIGONIDÆ.
      - **Loligo.**
      - **Glyphioteuthis.**
      - **Teuthis.**
      - **Phylloteuthis.**
      - **Beloteuthis.**
      - **Plesioteuthis.**
      - **Belemnosepia.**
      - **Kelaeno.**
- **SÉPIOPHORES**
  - Tous **Myopsides.**
    - SEPIIDÆ.
      - **Sepia.**
      - **Trachyteuthis.**
- **PHRAGMOPHORES**
  - BELOSEPIIDÆ.
    - **Belosepia.**
    - **Spirulirostra.**
  - BELOPTERIDÆ.
    - **Beloptera.**
    - **Vasseuria.**
    - **Bayanoteuthis.**
  - BELEMNITIDÆ. Voir classification.
  - SPIRULIDÆ. **Spirula.**

CLASSIFICATION DES BELEMNITIDÆ

PROSIPHONÉS
{ ? **Bactrites**.
Aulacoceras.
Atractites. } Fam. Aulacoceratidæ. Auct.

RÉTROSIPHONÉS

Phragmocone de taille moyenne, ne se poursuivant pas jusqu'au bout du rostre.

Pas de sillon ventral.		Pas de sillons latéraux.	**Pachyteuthis**.	{ *P. acutus.* *P. brevis.*
		Sillons latéraux à la pointe.	Gr. spécial : **Megateuthis**, pars.	{ *M. Bruguieri.* *M. niger.* *M. paxillosus.* *M. elongatus.*
Sillon ventral.	A la pointe du rostre.	Pas de sillons latéraux.	**Dactyloteuthis**.	*D. irregularis.*
		Sillons latéraux.	**Megateuthis**.	{ *M. giganteus.* *M. tripartitus.*
	Sur toute la longueur ou presque toute la long' du rostre.	Pas de sillons latéraux.	**Belemnopsis**.	{ *B. sulcatus.* *B. bessinus.*
		Sillons latéraux indiq.	**Hibolites**.	*H. hastatus.*
	A la partie antérieure du rostre.	Deux sillons latéraux, forme cylindrique.	**Pseudobelus**.	{ *P. semicanal.* *P. pistilliformis.* *P. minimus.* *P. ultimus.*
Pas de sill. ventral, lignes latérales.			Gr. sp. **Hastites**.	*H. clavatus.*
Fissure ventrale à la partie antérieure du rostre. G. **Belemnitella**.		Alvéole conique.	**Belemnitella**.	{ *B. mucronata.* *B. ventricosa.*
		Alvéole pyramidée.	**Gonioteuthis**.	{ *G. quadratus.* *G. subventricosus.*
		Pas d'alvéole.	**Actinocamax**.	*A. plenus.*
Sillon dorsal à la partie antérieure du rostre.		Belemn. plates.	**Duvalia**	{ *D. dilatata.* *D. lata.* *D. conica.*
Phragmocone court, bras à crochets.			**Belemnoteuthis**	
Phragmocone long et étroit.			**Xiphoteuthis**.	
Phragmocone se poursuivant jusqu'au bout du rostre.			**Diploconus**.	
Incertæ sedis.			{ **Acanthoteuthis**. **Heliceras**. **Conoteuthis**.	

CLASSIFICATION DES ARTHROPODES

CRUSTACÉS	{	PALÆOSTRACÉS. ↑ Souche des OSTRACODERMES (1). ENTOMOSTRACÉS. MALACOSTRACÉS.
PROTRACHEATA	{	ONYCHOPHORA. INCERTÆ SEDIS **Bostrichopus**.
TRACHÉATES	{	ARACHNIDES. MYRIAPODES. INSECTES = HEXAPODES.

CLASSIFICATION GÉNÉRALE DES CRUSTACÉS

PALÆOSTRACÉS
Corps divisé en trois régions.

> MÉROSTOMES
> Appendices céphaliques différenciés.
>> EURYPTÉRIDES ↑ **Ostracodermes** (1)
>> **(Gigantostracés.)**
>> Grand nombre de segm. libres.
>> XIPHOSURES
>> Bouclier céphalothoracique indivis.
>
> TRILOBITES
> Appendices tous semblables.

ENTOMOSTRACÉS
Nombre de segments variables, état zoéen primitif.

> PHYLLOPODES
> Pattes lamelleuses lobées.
>> BRANCHIOPODES
>> Carapace, sacs branchiaux.
>> 2 p. ant., 1 p. pattes lamelleuses.
>> CLADOCÈRES
>> Actuels. 2 p. ant. en rames, 1 p. préhensives, 5 p. de pattes.
>
> OSTRACODES
> Carapace bivalve, 1 p. ant. de reptation, 1 p. mandib., 5 p. de pattes.
> COPÉPODES
> 3 p. de membres thoraciques, abdomen sans membres ; actuels.
> CIRRHIPÈDES
> Plaques calcaires. 6 paires de cirrhes.

LEPTOSTRACÉS
8 segm. abdom.
Carapace membraneuse.

> PHYLLOCARIDÉS OU NÉBALIENS.

MALACOSTRACÉS
Cephalothorax à 13 segm.
(2 p. d'ant. et 11 p. d'appareils post-oraux).
Abdomen à 6 segm.

> EDRIOPHTHALMES
> ou **Arthrostracés**.
> Yeux sessiles.
>> AMPHIPODES
>> Pattes nageuses en avant, sauteuses en arrière.
>> LÆMODIPODES
>> Paire ant. sous la gorge, abd. rudim.
>> ISOPODES
>> 7 segments thoraciques libres.
>
> PODOPHTHALMES
> ou **Thoracostracés**.
> Yeux pédonculés.
>> CUMACÉS
>> 2 p. pattes mach., 6 p. abdominales.
>> SYNCARIDES
>> Groupe synthétique, souche.
>> SCHIZOPODES
>> 8 paires de pattes fourchues.
>> STOMATOPODES
>> 5 p. de pattes bucc., 3 p. fourchues.
>> DÉCAPODES
>> 3 p. de pattes mach. 5 p. de pattes marcheuses. { MACROURES. ANOMOURES. BRACHYURES.

---

(1) Voir Gaskell (V. Holbrook), *The origine of vertebrates*. Londres, Longmans, Green and Cᵉ, 1908.

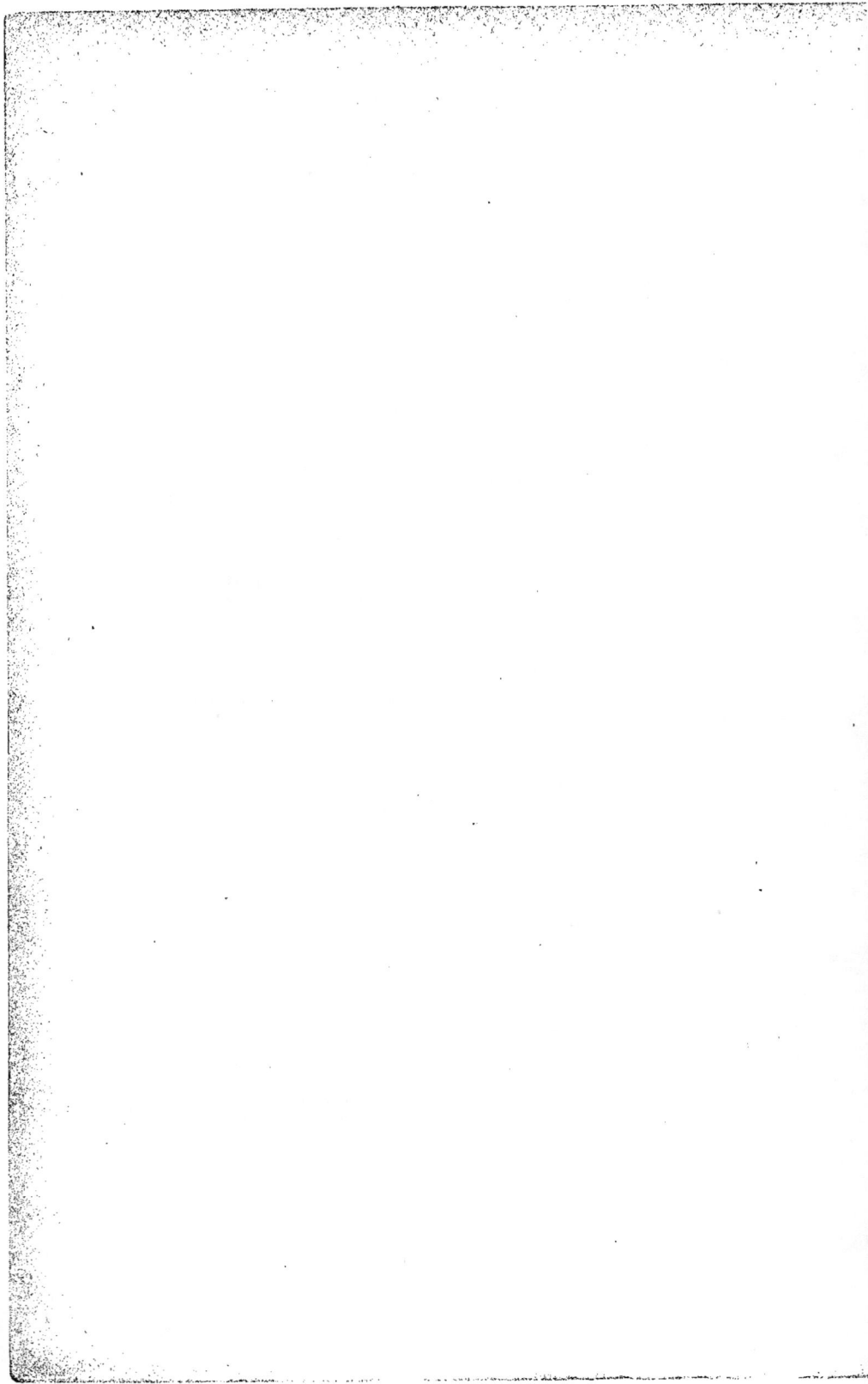

CLASSIFICATION DES CRUSTACÉS PALÆOSTRACÉS

MÉROSTOMES

EURYPTERIDÆ.
Corps indistinctement trilobé suivant la longueur,
surface ornée d'écailles, deux grands yeux latéraux,
paire préorale d'antennes et six paires de pattes.

- Eurypterus.
- Dolichopterus.
- Echinognatus.
- Stylonurus.
- Eurypterella.
- Slimonia.
- ? Campylocephalus.
- Eusarcus.
- Pterygotus.

XIPHOSURES
Bouclier céphalique grand,
abdomen
avec un aiguillon.

LIMULIDÆ
Anneaux abdominaux
soudés en une carapace
continue.
Bouclier céphalique grand.

- Limulus.

HEMIASPIDÆ.
Bouclier céphalique
avec soudure; thorax,
5 ou 6 anneaux libres,
abdomen : au moins
3 segm.,
un aiguillon caudal.
Affinités avec les Trilobites.

- Aglaspis.
- Hemiaspis.
- Bunodes.
- (= Exapinurus).
- Pseudoniscus.
- Protolimulus.
- Neolimulus.
- Belinurus.
- Prestwitchia.
- Cyclus.

TRILOBITES

Plèvres à sillons.

Yeux composés.

PARADOXIDÆ.
Tête semi-circul.,
thorax grand,
pygidium petit.

OLENIDÆ.
CONOCEPHALIDÆ.
BOHEMILLIDÆ.
REMOPLEURIDÆ.

CALYMENIDÆ.
Tête, thorax et pyg. moyens.

PHACOPIDÆ.
PRÆTIDÆ.

Tête grande,
pygidium moyen,
parfois terminé
en pointe.

ILLÆNIDÆ.
Pyg. égal ou sup. à la tête, segm. indist.

ASAPHIDÆ.
Pygidium égal ou sup. à la tête, segm.
nombreux et distincts.

LICHADÆ.
Glabelle trilobée très aplatie.

Yeux simples.

HARPEDIDÆ ou HARPIDÆ.
Pyg. petit, thorax grand, pointes
génales larges.

TRINUCLEIDÆ.
Pyg. grand, thorax petit, pointes génales
longues et étroites.

Plèvres à bourrelets.

ACIDASPIDÆ.
Pygidium orné de pointes.

ENCRINURIDÆ.
Thorax à 11 ou 12 segm.

CHEIRURIDÆ.
Pygidium à 3 ou 6 segments
prolongés en épines.

GOLDEIDÆ ou BRONTEIDÆ.
Pygidium à côtes rayonnantes.

Incertæ sedis. **Beltina.** précambrien.

Formes aveugles : tête et pyg. semblables, deux anneaux au thorax : AGNOSTIDÆ.

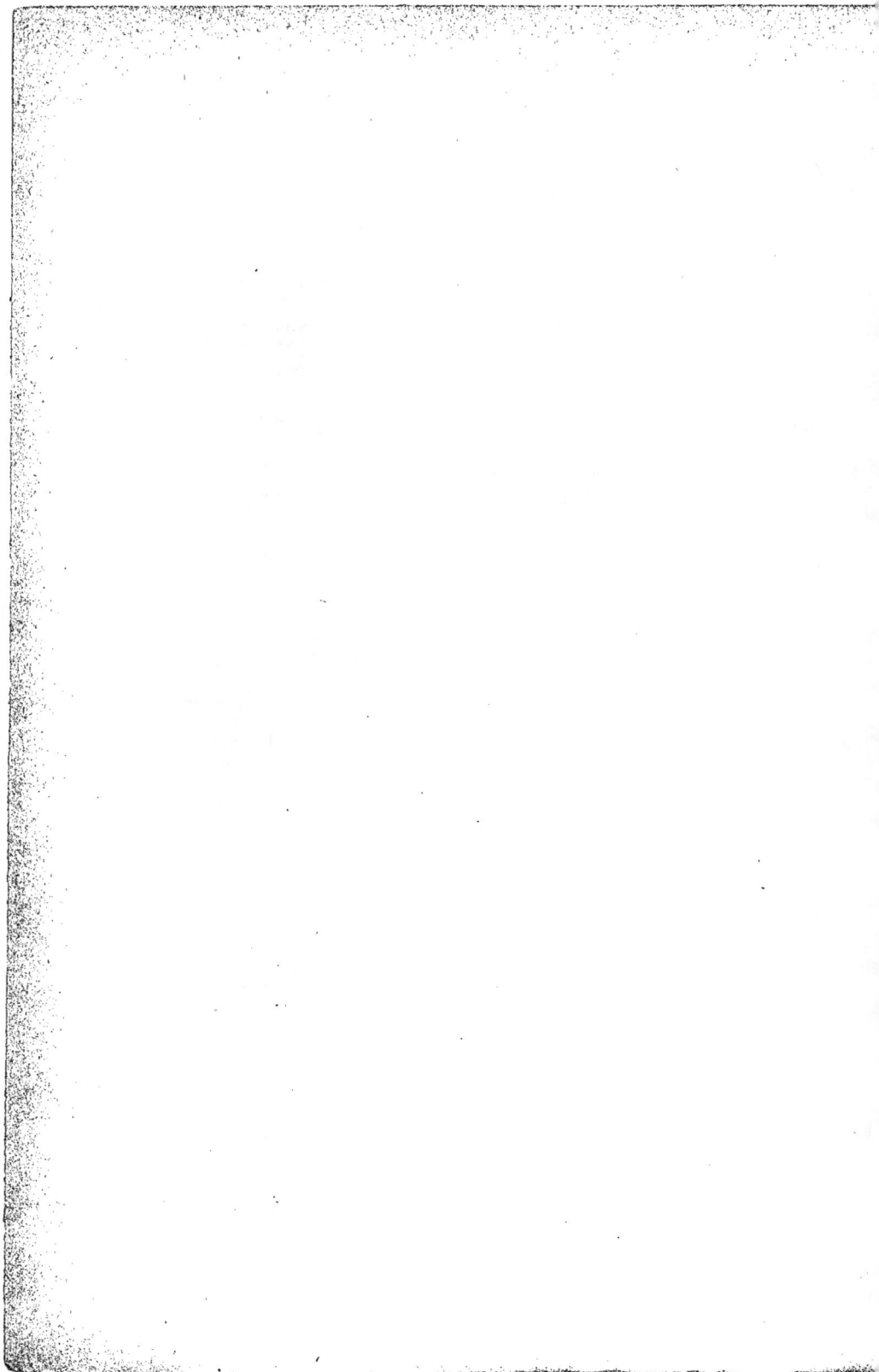

CLASSIFICATION DES TRILOBITES

PARADOXIDÆ

OLENIDÆ.
Tête plus grande que le pygidium, yeux semi-lunaires, glabelle ovale, assez large, plissée latéralement, non enroulables, nombreux segments thoraciques.

- Olenus.
- Peltura.
- Parabolinella.
- Acerocare.
- Cyclognatus.
- Leptoblastus.
- Eurycare.
- Sphærophthalmus.
- Ctenopyge.
- Doropyge.
- Dicellocephalus.
- Neseurethus.
- Conophrys.
- Paradoxides.
- Plutonia.
- Olenellus.
- Anopolenus.
- Bathynotus.
- Triarthrus.
- Triarthrellus.
- Cyphoniscus.
- Microdiscus.
- Hydrocephalus.
- Telephus.
- Dolichometopus.

CONOCEPHALIDÆ.
Glabelle elliptique ou rétrécie antérieurement, segments thoraciques moins nombreux, yeux plus étroits, animaux enroulables.

- Conocephalites.
- Liostracus.
- Eryx.
- Acontheus.
- Anomocare.
- Angelina.
- Menocephalus.
- Ellipsocephalus.
- Corynexochus.
- Holometopus.
- Bathyurus.
- Bathyurellus.
- Ptychaspis.
- Chariocephalus.
- Holocephalina.
- Sao.

BOHEMILLIDÆ.
Tête peu dist. du thorax, glabelle à quatre sillons, joues réduites, yeux grands, ovales.

- Bohemilla.

REMOPLEURIDÆ.
Tête grande, glabelle ovale, linguiforme, pyg. très petit, animal enroulable.

- Remopleurides.
- Caphyra.

CALYMENIDÆ.

- Calymene.
- Homalonotus.
- Brongnartia.
- Trimerus.
- Kœnigia.
- Dipleura.
- Burmeisteria.
- Bavarilla.

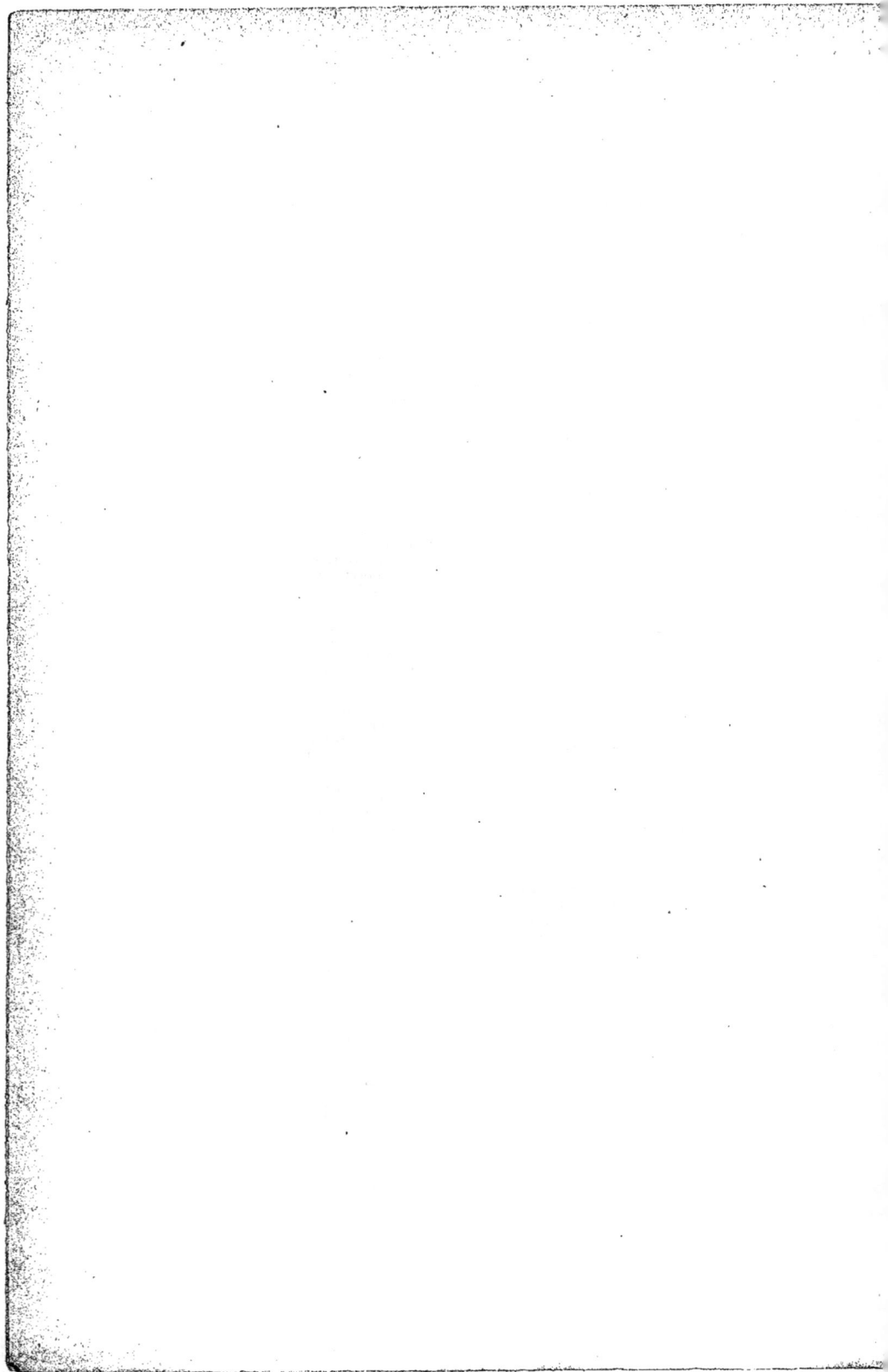

CLASSIFICATION DES TRILOBITES

(Suite)

PHACOPIDÆ.
Yeux à grosses facettes, glabelle limitée par des sillons profonds, 11 segments.

- Phacops.
- Trimerocephalus.
- Acaste.
- Pterygometopus
- Chasmops.
- Dalmanites.
- Odontocephalus
- Cryphæus.

PROETIDÆ.
Glabelle à sill. latéraux plus ou moins nets, yeux grands composés, 8 à 22 segm. Pygidium segmenté, animaux enroulables.

- Arethusina.
- Cyphaspis.
- Cyphoniscus.
- Harpides = Erinnys.
- ? Carausia.
- Arraphus.
- Isocolus.
- Euloma.
- Carmon.
- Proetus.
- S.-G. Phaeton.
- Phillipsia.
- Griffithides.
- Brachymetopus.
- Dechenella.

ILLÆNIDÆ.
8 à 9 segments plans; n'appartenant en réalité ni au type à bourrelets ni au type à sillons.

- Illænus, s. str.
- Octillænus.
- Panderia.
- Dysplanus
- Ectillænus.
- Hydrolænus.
- Illænopsis.
- Bumastus.
- Illænurus.

ASAPHIDÆ.

- Ogygia.
- Bronteopsis.
- Barrandia.
- Homalopteon.
- Niobe.
- Asaphus.
- Ptychopyge.
- Basilicus.
- Megalaspis.
- Isotelus.
- Asaphellus.
- Asaphiscus.
- Cryptonymus.
- Symphysurus.
- Brachiaspis.
- Platypeltis.
- Nileus.
- Stygina.
- Psilocephalus.
- Æglina.

LICHADÆ.

- Lichas.
- Platymetopus.
- Hoplolichas.
- Conolichas.
- Terataspis.

HARPEDIDÆ.

- Harpes.

CLASSIFICATION DES TRILOBITES

(Suite)

TRINUCLEIDÆ.	Trinucleus. Ampyx. Lonchodomus. Raphiophorus. Endymionia. Dionide. ? Microdiscus. Cf. **Agnostus**.
ACIDASPIDÆ.	Acidaspis.
ENCRINURIDÆ.	Encrinurus. Cromus. Cybele. Dyndymene.
CHEIRURIDÆ.	Cheirurus. Cyrtometopus. Sphærocoryphe. Crotalocephalus. Pseudosphærexochus. Nieskowskia. Areia. Deiphon. Onychopyge. Placoparia. Sphærexochus. Crotalurus. Staurocephalus. Amphion. Diaphanometopus.
BRONTEIDÆ ou GOLDEIDÆ.	Bronteus.
AGNOSTIDÆ.	Agnostus. Schumardia. ? Microdiscus.

CLASSIFICATION DES CRUSTACÉS

ENTOMOSTRACÉS

PHYLLOPODES

CLADOCÈRES
Carapace bivalve membraneuse.

- Daphnia.
- Lynceites.

BRANCHIOPODES

- Apus.
- Branchipus.
- Limnadia.   } Actuels.
- Limnetis.
- Schizodiscus.
- Branchipodites.
- Estheria.
- Leaia.
- Estheriella.
- Artemia.

Certains auteurs placent ici les TRILOBITES.

OSTRACODES

LEPERDITIDÆ.
Coq. épaisse, bord card. droit,
coq. non bâillante.

- Leperditia.
- Isochilina.
- Aristozoe.
- Callizoe.
- Orozoe.
- Notozoe.
- Zonozoe.
- Bolbozoe.
- Hippa.
- Caryon.
- Primitia.
- Beyrichia.
- Elpe.
- Thlipsura.
- Kirkbya.
- Moorea.
- Cytheropsis.
- Carbonia.

CYPRIDINIDÆ.
Coq. dure, échancrée antérieurement,
deux yeux composés et un œil impair,
longs fouets cylindriques.

- Cypridina
- Cypridinella.
- Cypridellina.
- Cypridella.
- Sulcana.
- Cyprella.
- Asterope.
- Bradycinetus.
- Eurypylus.
- Heterodesmus.
- Philomedes.
- Rhombina.
- Entomoconchus.
- Offa.
- Cyprosis.
- Entomis.
- Entomidella.

POLYCOPIDÆ.
Pas d'yeux, pas d'échancrure
antérieure.

- Polycope.

CYTHERELLIDÆ.
Coq. petites, inéquivalves, calcaires,
sans échancrures en avant.

- Cytherella.
- Cytherellina.
- Bosquetia.
- Æchmina.

CYTHERIDÆ.
Coq. très petites, compactes, réniformes
ou quadrilat., fortes antennes.

- Cythere.
- Cytherese.
- Cytheridea.
- Cytherura.
- Cytherideis.

CLASSIFICATION DES CRUSTACÉS

ENTOMOSTRACÉS

(Suite)

OSTRACODES (Suite)	CYPRIDÆ. Coq. très petites, minces, calc. ou cornées, ovales réniformes, longues antennes, yeux soudés.	Palæocypris. Cypris. Cypridea. Cypridopsis.. Potamocypris. Paracypris. Aglaia. Argillœcia. Notodromus. Candonia. Bairdia. Macrocypris. Pontocypris. Darwinella.

COPÉPODES. — Actuels, souvent parasites.

CIRRHIPÈDES	THORACICA Capitulum pédonculé ou test avec opercule et base.	LEPADIDÆ. Pédoncule flexible, musculeux, pièces du test libres.	Turrilepas. Lepas. Ibla. Plumulites. Anatifopsis. Archæolepas. Loricula. Pollicipes. Scillælepas. Scalpellum. Pœcilasma. Lithotrya. Megalasma. Oxynaspis. Dichelaspis. Conchoderma. } Actuels.
		VERRUCIDÆ. Test non pédonculé.	Verruca.
		BALANIDÆ. Test sessile, pièces soudées.	Chthamalus. Pachylasma. Chamæsipho. Octomeris. Cataphragmus. Balanus. Acasta. Pyrgoma. Chelonobia. Creusia. Elminus. Tetraclita. } Actuels. Coronula. Xenobalanus. Tubicinella. Platylepas. } Actuels.

ABDOMINALIA. — Enveloppe en forme de bouteille non calcifiée. Parasites, actuels.

APODA. — Enveloppe réduite à deux filaments. Parasites, actuels.

SUCTORIA ou RHIZOCEPHALA. — Sans enveloppe ni membres. Parasites non segm., actuels.

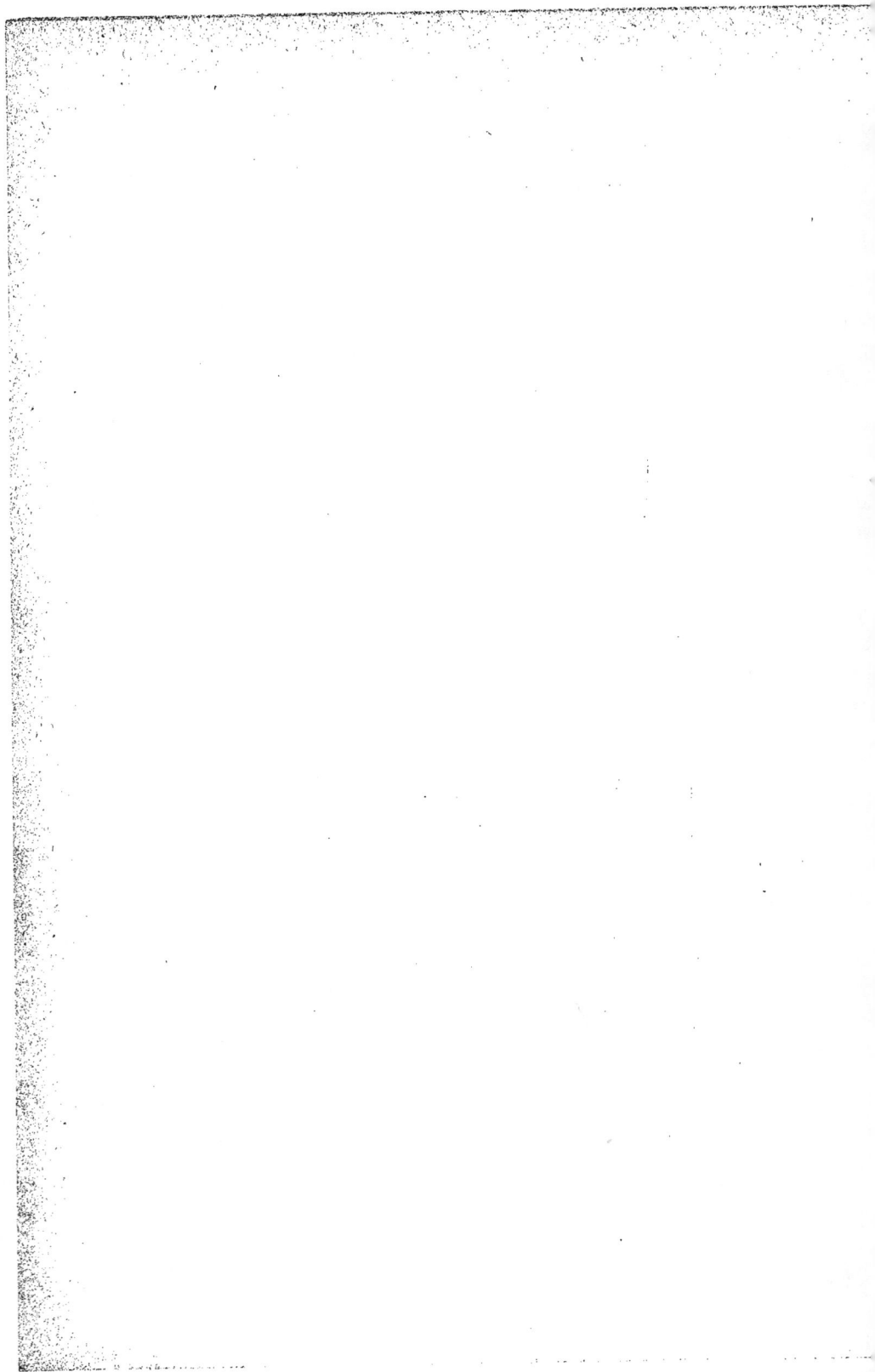

CLASSIFICATION DES LEPTOSTRACÉS

	NEBALIDÆ. Forme de pass. entre les Phyllop. et les Malacostracés.		Nebalia.

PHYLLOCARIDES
Pattes biramées.

HYMENOCARIDÆ.
5 segm. céphaliques, 8 thoraciques, 8 abdominaux, carapace membraneuse ou chitineuse, abdomen fourchu.

Hymenocaris.
Dictyocaris.
Protocaris.
Ceratiocaris.
Physocaris.
Echinocaris.
Elymocaris.
Tropidocaris.
Acanthocaris.
Dithyrocaris.
Rachura.
Caryocaris.
Lingulocaris.
Myocaris.
Ribeira.
Proracaris.

PELTOCARIDÆ.
Deux valves semi-circu-laires, laissant entre elles une échancrure avec ou sans plaque rostrale, stries circulaires.

Plaque rostrale.

Peltocaris.
Pterocaris.
Discinocaris.
Aptychopsis.
Cardiocaris.

Pas de plaque rostrale.

Aspidocaris.
Dipterocaris.
Spathiocaris.
Pholadocaris.
Ellipsocaris.
Lisgocaris.
Pinnocaris.
Crescentilla.
Solenocaris.
Cryptocaris.

CLASSIFICATION DES MALACOSTRACÉS

EDRIOPHTHALMES

AMPHIPODES	Gammarus. Niphargus. Palæogammarus Necrogammarus. ? Gampsonyx.) Schizopodes? ? Palæocaris.) Palæorchestia. Nectotelson. ? Acanthotelson. Syncaride ? Palæocrangon. Archæocaris. Prosoponiscus. Phædra.	

LÆMODIPODES
Appendices flabellaires des pattes thoraciques
intermédiaires branchiformes.

Caprella.
Naupridea.
Leptomerus.
? Cyamus.
} Actuels.

ISOPODES

ARTHROPLEURIDÆ.
Types ancestraux à affinités avec les
Amphipodes et peut-être avec Trilobites

Præarcturus.
Arthropleura.
? Necrogammarus.

URDAÏDÆ.
Corps all., tête quadrang.,
yeux très gros.

Urda.

ÆGIDÆ.
Non enroulables, yeux grands, pattes
bifurquées, antennes internes
plus courtes.

Ægites.
Palæga.
Archæoniscus.

SPHÆROMIDÆ.
Corps ovalaire bombé, antennes
semblables, anneaux abdominaux
soudés.

Eosphæroma.
Archæosphæroma.
Isopodites.
Sphæroma.

BOPYRIDÆ.

Bopyrus, parasite.

ONISCIDÆ.

Armadillo.
Porcellio.
Oniscus.
Metoponorthus.
Thichoniscus.
Ligia (formes marines).

CLASSIFICATION DES PODOPHTHALMES

CUMACÆ
Rappellent les larves de Décapodes.

{ Cuma.

SYNCARIDES

{ Palæopalæmon (Dévonien).
Acanthothelson.
Gampsonyx.
Palæocaris.

SCHIZOPODES
Carapace membraneuse, formes actuelles.

{ Mysis.
Cynthia.
Thysanopus.
? Pygocephalus (Carbonifère).
? Necroscilla   (Id.)

STOMATOPODES

{ Sculda.
? Naranda.
? Necroscilla.
? Diplostylus.
Clausia (larve).

PHYLLOSOMES.

{ Phyllosoma.   } Larves ?
Phalangites.   }

Anthrapalæmon.
Palæocarabus.
Pseudogalatea.
Crangopsis.
? Pygocephalus.
? Palæopalæmon.
Penæus.
Bombur.
Acanthochirus.
Bylgia.
Drobna.
Dusa.
Æger.
? Machærophorus.
Tiche.
Gampsurus.
Sicyonia.
Sergestes.
Leucifer.
Stenopus.
Spongicola.
Acetes.

DÉCAPODES } **MACROURES**

PENŒIDÆ.
Deux ou trois paires de pattes terminées par des pinces. Nauplius.

CARIDIDÆ.
Peau mince, cornée, rostre denté à la partie supérieure, pattes thoraciques longues.

EUCYPHOTES.
Troisième paire thoracique et parfois les autres sans pinces.

Crangonina.
Palæmonina.
Palæmon ? (Æger crassipes).
Blaculla.
Udora.
Udorella.
Hefriga.
Elder.
Pseudocrangon.
Oplophorus.
Homelys.
Micropsalis.
Palæmon.
Anaspis, type ancestral.

ERYONIDÆ.
Carène céphalothoracique médiane, rostre court et élargi, grande nageoire caudale.

Tetrachela.
Archæastacus.
Eryon.
Polycheles.   } Bathyaux.
Willemœsia.   }
Mecochirus.
Scapheus.

PALINURIDÆ.
Squelette dermique épais, rostre variable, antennes ext. longues ou lamelleuses, sternum rétréci en avant, griffes, pas de pinces.

Præatya.
Palinurina.
Palinurus.
Archæocarabus.
Podocrates.
Eurycarpus.
Cancrinus.
Scyllarus.
Scyllaridia.

CLASSIFICATION DES PODOPHTHALMES

(Suite)

DÉCAPODES (Suite)	**MACROURES** (Suite)	GLYPHÆIDÆ. Cuirasse solide, calcifiée, céphaloth. couvert d'aspérités, rostre étroit, pattes thoraciques antérieures plus fortes	Pemphix. Lithogaster. Lissocardia. Tropifer. Glyphea. Pseudoglyphea. Meyeria. Aræosternus.
		ASTACOMORPHE. Cuirasse solide, calcifiée, trois paires d'antennes terminées en pinces, la première paire très forte.	Eryma. Pseudastacus. Stenochirus. Etallonia. Uncina. Magila. Enoploclytia. Paraclytia. Nymphæops. Cardirhynchus. Hoploparia. Onychoparia. Palæno. Palæastacus. Astacodes. Trachysoma. Homarus. Nephrops. Phlyctisoma. Astacus.
		THALASSINIDÆ. Carapace mince, rostre réduit, abdomen allongé.	Calianassa. Thalassina.
	ANOMOURES Abdomen réduit, mal représentés à l'état fossile.		GALATHEAIDÆ (Æglia, Galathea). PAGURIDÆ. HIPPIDÆ. LITHODIDÆ.
	BRACHYURES	DROMIACEA. Céphalothorax un peu arrondi, triangulaire ou quadrangulaire.	Prosopon. Dromiopsis. Polycnemidium. Stenodromia. Dromia. Binkhorstia. Diaulax. Cyphonotus. Homolopsis. Goniochele. Aulacopodia. Stephanometopon.
		RANINOÏDÆ. Céphalothorax bombé, ovale, triangul. ou quadr., portion antérieure large, tronquée en ligne droite.	Ranina. Raninella. Raninoïdes. Notopus. Palæonotopus.
		OXYSTOMATA. Céphalothorax arrondi, arqué en avant.	Palæocorystes. Eucorystes. Cyclocarystes. Necrocarcinus. Orithopsis. Atelecyclus. Hemïoon. Leucosia. Typilobus. Campylostoma. Ebalia. Calappa.

CLASSIFICATION DES PODOPHTHALMES

(Suite)

DÉCAPODES *(Suite)*	BRACHYURES *(Suite)*	OXYSTOMATA. *(Suite)*	Calappilia. Matuta. Hepatiscus. Palæomyra. Mithracia. Mithracites. Trachynotus.
		OXYRHYNCHA. Céphalothorax triangulaire acuminé en avant.	Palæinachus. Micromithrax. Micromaja. Periacanthus. Lambrus.
		CYCLOMETOPA. Céphaloth. large, rétréci en arrière, arqué en avant.	Neptunus. Acheloüs. Enoplonotus. Scylla. Charybdiè. Carcinus. Portunites. Necronectes. Psammocarcinus. Rachiosoma. Atergatis. Palæocarpilius. Phlyctenodes. Phymatocarcinus. Harpactocarcinus. Actæa. Cancer. Lobocarcinus. Etyus. Cyamocarcinus. Xanthosia. Xantho. Zozymus. Xanthopsis. Titanocarcinus. Plagiolophus. Panopœus. Eumorphactæa. Xanthilites. Lobonotus. Caloxanthus. Menippe. Syphax. Necrozius. Etizus.
		CATOMETOPA. Céphalothorax plus ou moins quadrangulaire, peu bombé.	Eryphia. Podopilumnus. Galenopsis. Lithophylax. Cœloma. Colpocaris. Glyptonotus. Litoricola. Goniocypoda. Œdisoma. Palæograpsus. Psammograpsus. Telphusa. Gecarcinus. Gelasimus. Mioplax. Macrophthalmus.

CLASSIFICATION DES ARACHNIDES

ACARI Pièces buccales allongées en une trompe, céphalothorax soudé à l'abdomen.	Sarcoptidæ. (Gales.)	Acarus.
	Oribathidæ.	Oribathes. Nothrus.
	Ixodidæ. (Tiques.)	Ixodes.
	Gamasidæ.	Sejus.
	Hydrachnidæ.	Limnochares.
	Bdellidæ.	Bdellia. Cheyletus.
	Trombidiidæ.	Trombidium. Rhyncholophus. Actineda. Erythræus. Tetranychus. Penthaleus. Arytæna.
CHELONETHI ou PSEUDOSCORPIONIDES Corps comprimé, 10 à 11 segments abdom., palpes maxillaires avec fortes pinces.	Chernetidæ.	Microlabis. Chelifer. Chernes. Cheiridium. Chthonius.
ANTHRACOMARTI Arachnides carbonifères ; céphal. et abd. séparés, palpes sans pinces ni griffes.	Arthrolycosidæ. Céphaloth. circul., 7 segm. abd.	Arthrolycosa. Rakovnicia.
	Poliocheridæ. Céphal. quadrang., 4 seg. abd.	Poliochera.
	Architarbidæ. Céphal. assez grand, 7 à 9 segm. abd.	Geraphrynus. Architarbus. Anthracomartus.
	Eophrynoïdæ. Céphal. triangul., grand abdomen circulaire, 9 à 10 seg	Kreischeria. Eophrynus.
PEDIPALPES Abdomen à 7 segments au plus, palpes max. très développés, épineux, avec griffes.	Geralinuridæ ou Teliphonidæ. Postabdomen à trois anneaux.	Teliphorus. Geralinura.
	Phrynidæ. Pas de postabdomen.	Phrynus.
SCORPIONES Abd. à 7 segm , palpes max. en pinces.	Palæophonidæ. Bord antér. du thorax échancré.	Palæophonus.
	Eoscorpionidæ. Bord antér. du céphalothorax allongé, formes paléozoïques.	Proscorpius. Eoscorpius. Centromachus. Cyclophthalmus. Glyptoscorpius.
	Neoscorpionidæ. Bord antérieur tronqué ou excisé.	Tityus. Scorpio, act.
PHALANGIDES ou OPILIONES Céphalothorax et abdomen soudés, membres très longs.		Acantholophus Phalangium. Liobunum. Platybunus. Cheiromachus. Opilio. Nemastoma. Gonyleptes.
SOLIFUGES Tête et thor. dist. 9 segments.		Solipuga. Actuels.

CLASSIFICATION DES ARACHNIDES

(Suite)

	SALTIGRADÆ.	Propetes. Gorgopis. Steneattus. Euophrys. Parattus. Attoides. Eresus.
	CITIGRADÆ.	Linoptes.
	LATERIGRADÆ.	Archæa. Clythia. Syphax. Thomisus. Xysticus.
	TERRITELARIÆ.	Clostes. Protolycosa. Phalaranea.
ARANEÆ Abd. et céphal. dist., abd. pédonculé à segm. indistincte, palpes max. filiformes.	TUBITELARIÆ.	Therea. Segestria. Clubiona. Anyphæna. Argyroneta. Elvina. Titanœca. Amaurobius. Hasseltides. Hersilia. Gerdia. Mizalia.
	RETITELARIÆ.	Pholcus. Phalangopus. Linyphia. Theridium. Erigone. Schellenbergia. Ero. Walckenœria. Zilla. Thyellia. Flegia. Clya. Anandrus. Corynitis.
	ORBITELARIÆ.	Nephila. Tetragnatha. Tethnœus. Epeira. Grœa. Androgeus. Siga. Antopia.

NOTA. — Beaucoup de paléontologistes placent dans les Arachnides le groupe des MÉROSTOMES (Voir PALÆOSTRACÉS) et considèrent **Euripterus** comme spécialisant les *Chélicères*, et **Slimonia** les *Pédipalpes*.

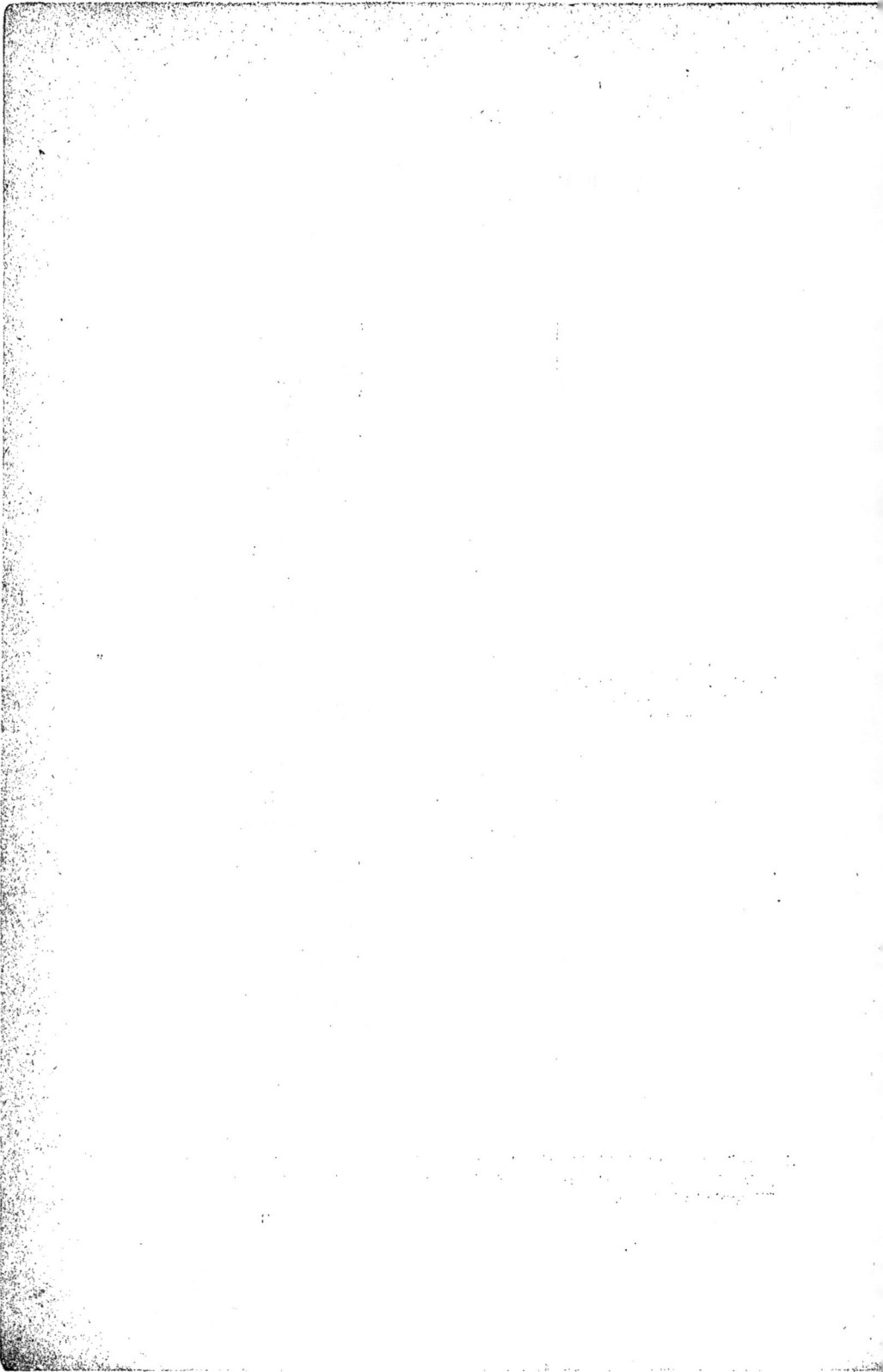

CLASSIFICATION DES MYRIAPODES

PROTOSYNGNATHA	Cylindr., peu de segm., un seul segm. céphal.	**Palæocampa** *anthrax*. Carb.
CHILOPODES Nombreux segments, deux segm. céphaliques au moins : une paire de pattes à chaque segment.	CERMATIIDÆ.	**Cermatia.**
	LITHOBIIDÆ.	**Lithobius.**
	SCOLOPENDRIDÆ.	**Scolopendra.**
	GEOPHILIDÆ.	**Geophilus.**
ARCHIPOLYPODES Cylindriques, app. céph. à un seul anneau, plaques ventrales et écusson dorsal divisés, paléozoïques.	ARCHIDESMIDÆ. Expansions foliacées à la partie ant. des segm.	**Kampecaris.** **Archidesmus.**
	EUPHOBERIDÆ. Plaques dorsales partagées en deux parties inégales, grandes épines.	**Acantherpestes.** **Euphoberia.** **Amynilispes.** **Eileticus.**
	ARCHIIULIDÆ. Plaques dorsales encore séparables, corps cylindr. presque lisse ou couvert de stries.	**Archiiulus.** **Xylobius.**
DIPLOPODES (CHILOGNATHES) Une plaque dorsale, deux petites plaques ventr. par segm., corps cylindr., une paire de stigm. et une paire de membres par anneau.	GLOMERIDÆ.	**Glomeris.**
	POLYDESMIDÆ.	**Polydesmus.**
	LYSIOPETLTIDÆ.	**Craspedosoma.** **Euzonus.**
	JULIDÆ.	**Julus.** **Julopsis.**
	POLYXENIDÆ.	**Polyxenus.** **Phryssonotus.**

CLASSIFICATION DES INSECTES

PALÆODYCTYOPTERA Antennes filiformes, 6 nervures principales développées, abd. long et étroit.	ORTHOPTEROÏDEA	PALÆOBLATTARIÆ. PROTOPHASMIDÆ.
	NEVROPTEROÏDEA	PALEPHEMERIDÆ. HOMOTHETIDÆ. PALÆOPTERINÆ. XENONEURIDÆ. HEMERISTINÆ. GERARINÆ.
	HEMIPTEROÏDEA	
	COLEOPTEROÏDEA	
HETEROMETABOLA Corps lourd, aplati, mal approprié au vol varié, abdomen génér. sessile. Prothorax large, métamorphoses incomplètes.	ORTHOPTÈRES	FORFICULARIÆ. BLATTARIÆ. MANTIDÆ. PHASMIDÆ. ACRIDIDÆ. LOCUSTIDÆ. GRYLLIDÆ.
	PSEUDONÉVROPTÈRES	THYSANURÆ. TERMITINÆ. EMBIDINÆ. PSOCINÆ. PLATYPTERIDÆ. PROTOPERLIDÆ. PERLINÆ. EPHEMERIDÆ. ODONATÆ. MEGASECOPTERIDÆ. PROTODONATÆ.
	EUNÉVROPTÈRES	SIALIDÆ. HEMEROBINÆ. PANORPIDÆ. PHRYGANIDÆ.
	HÉMIPTÈRES — HOMOPTÈRES	APHIDÆ. COCCIDÆ. FULGORIDÆ. MEMBRACIDÆ. CICADELLIDÆ. STRIDULANTIÆ.
	HÉMIPTÈRES — HÉTÉROPTÈRES	NOTONECTIDÆ. NEPIDÆ. HYDROMETRIDÆ. SALDIDÆ. REDUVIIDÆ. NABIDÆ. ARADIDÆ. TINGIDÆ. CAPSIDÆ. THRIPSIDÆ. LYGŒIDÆ. COREIDÆ. CIMICIDÆ. CYDNIDÆ.
	COLÉOPTÈRES — RHYNCHOPHORES	ANTHRIBIDÆ. SCOLYTIDÆ. CALANDRIDÆ. CURCULIONIDÆ. OTIORHYNCHIDÆ. BYRSOPIDÆ. ATTELABIDÆ. RHYNCHITIDÆ.

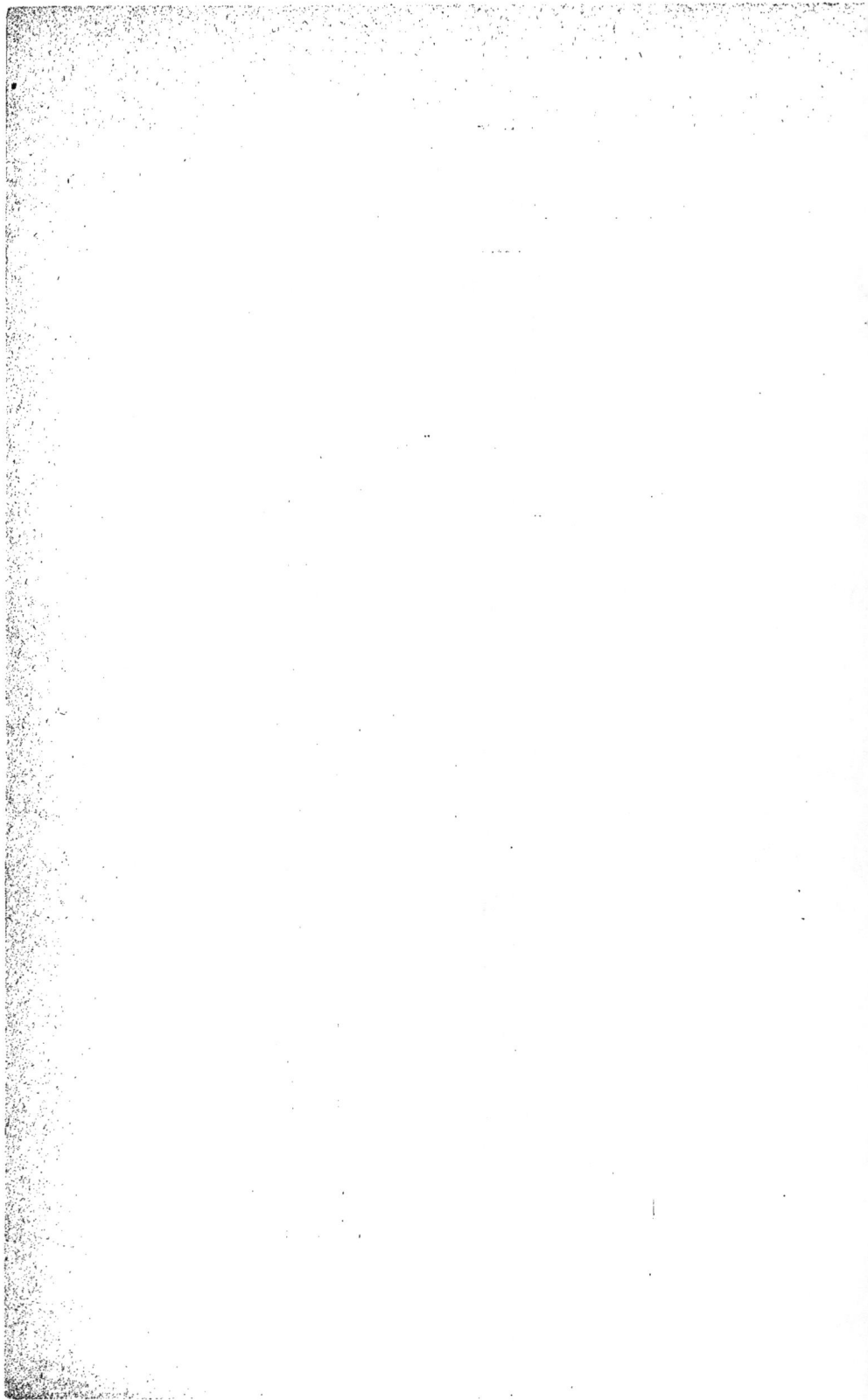

CLASSIFICATION DES INSECTES

(Suite)

HÉTÉROMÈRES		STYLOPIDÆ. RHIPIPHORIDÆ. MELOÏDÆ. PYROCHROÏDÆ. ANTHICIDÆ. MORDELLIDÆ. ŒDEMERIDÆ. PYTHIDÆ. MELANDRYIDÆ. LAGRIDÆ. CISTELIDÆ. TENEBRIONIDÆ.
PHYTOPHAGES		BRUCHIDÆ. CHRYSOMELIDÆ. CERAMBYCIDÆ. SPONDYLIDÆ.
LAMELLICORNES		SCARABEIDÆ. LUCANIDÆ.
SERRICORNES		CIOIDÆ. LYMEXYLIDÆ. CUPESIDÆ. PTINIDÆ. CLERIDÆ. MALACHIDÆ. LAMPYRIDÆ. THROSCIDÆ. BUPRESTIDÆ. ELATERIDÆ. DASCYLLIDÆ.
CLAVICORNES		PARNIDÆ. BYRRHIDÆ. LATHRIDÆ. TROGOSCITIDÆ. NITIDULIDÆ. HISTERIDÆ. DERMESTIDÆ. MYCETOPHAGIDÆ. CRYPTOPHAGIDÆ. CUCUJIDÆ. COLYDIIDÆ. EROTYLIDÆ. ENDOMYCHIIDÆ. COCCINELLIDÆ. PHALACRIDÆ. SCAPHIDIIDÆ. STAPHILINIDÆ. PSELAPHIDÆ. PAUSSIDÆ. SCYDMÆNIDÆ. SILPHIDÆ. HYDROPHILIDÆ.
ADÉPHAGES		GYRINIDÆ. DYTISCIDÆ. CARABIDÆ. CICINDELLIDÆ.

HÉTÉROMÉTABOLA *(Suite)* — **COLÉOPTÈRES** *(Suite)*

CLASSIFICATION DES INSECTES

(Suite)

		Muscidæ.
		Phoridæ.
		Agromyzidæ.
		Oscinidæ.
		Drosophilidæ.
		Sapromyzidæ.
		Ephydridæ.
		Loncheïdæ.
		Trypetidæ.
	CYCLORHAPHA	Ortolidæ.
		Micropezidæ.
		Psilidæ.
		Sciomyzidæ.
		Helomyzidæ.
		Cordyluridæ.
		Anthomyidæ.
		Tachinidæ.
		Œstridæ.
		Conopidæ.
		Pipunculidæ.
DIPTÈRES		Syrphidæ.
		Dolichopodidæ.
		Emphidæ.
		Cyrtidæ.
		Therevidæ.
		Nemestrinidæ.
		Bombylidæ.
		Asilidæ.
		Leptidæ.
		Tabanidæ.
		Acanthomeridæ.
	ORTHORAPHA	Stratiomyidæ.
		Xylophagidæ.
		Ryphidæ.
		Tipulidæ.
		Psychodidæ.
		Chironomidæ.
		Culicidæ.
		Bibionidæ.
		Simulidæ.
		Mycetophilidæ.
		Cecidomyidæ.

METABOLA

Corps petit, cylindrique,
adapté au vol rapide libre,
prothorax atrophié,
métamorphoses complètes.

	Sphingidæ.
	Tineidæ.
	Tortricidæ.
	Pyralidæ.
LEPIDOPTÈRES	Phalenidæ.
	Noctuidæ.
	Bombycidæ.
	Satyridæ.
	Lycænidæ.
	Tenthredinidæ.
	Urocerdæ.
	Cinipidæ.
	Pteromalidæ.
	Chalcididæ.
	Proctrupidæ.
	Braconidæ.
	Ichneumonidæ.
HYMENOPTÈRES	Evanidæ.
	Formicidæ.
	Chrysidæ.
	Mutillidæ.
	Scoliadæ.
	Pompilidæ.
	Sphegidæ.
	Vespidæ.
	Apidæ.

8.

Un très grand nombre de genres actuels étant représentés dans le Tertiaire, il sortirait du cadre de ces résumés de les énumérer tous ici. Nous ne citerons donc, dans tous les groupes, que les genres *Antétertiaires*.

CLASSIFICATION DES INSECTES ANTÉTERTIAIRES

A. — PALÆODYCTYOPTÈRES

ORTHOPTEROÏDEA

PALÆOBLATTARIÆ.

S.-F. MYLACRIDÆ.

Mylacris, Houiller.
Promylacris, id.
Paromylacris, id.
Lithomylacris, id.
Necymylacris, id.

S.-F. BLATTINARIÆ.

Etoblattina. Carb., Trias.
Spiloblattina, Trias.
Archimylacris, Carb.
Anthracoblattina, Houiller.
Gerablattina, id.
Hermatoblattina, id.
Progonoblattina, id.
Oryctoblattina, id.
Petrablattina, id.
Poroblattina, Trias.

PROTOPHASMIDÆ.
(Nevropthoptères)

Titanophasma, id.
Litoneura, Carb.
Dictyoneura, id.
Polioptenus, Houiller.
Archæoptilus, Carb.
Protophasma, id.
Breyeria, id.
Meganeura, id.
Ædeophasma, id.
Goldenbergia, id.
Haplophlebium, id.
Paolia, id.
? Archegogryllus, id.

NEVROPTEROÏDEA

PALEPHEMERIDÆ.

Homaloneura, id.
Platephemera. Dév.
Ephemerites. Perm.
Palingenia, Carb.

HOMOTHETIDÆ.

Acridites, id.
Eucænus, id.
Gerapompus, id.
Anthracothremma, id.
Cheliphlebia, id.
Genopteryx, id.
Genentomum, id.
Didymophleps, id.
Homothetus, Dév.
Mixotermes, Carb.
Omalia, id.

PALÆOPTERINÆ.

Miamia. id.
Propteticus, id.
Dieconeura, id.
Aëthophlebia, id
Strephocladus, id.

XENONEURIDÆ.

Xenoneura, Dév.

HEMERISTINÆ
ou PROTOMANTIDÆ.
(Nevropthoptères).

Lithomantis, Carb.
Lithosialis, id.
Brodia, id.
Pachytylopsis, id.
Lithentomum, Dév.
Chrestotes, Carb.
Hemeristia, id.

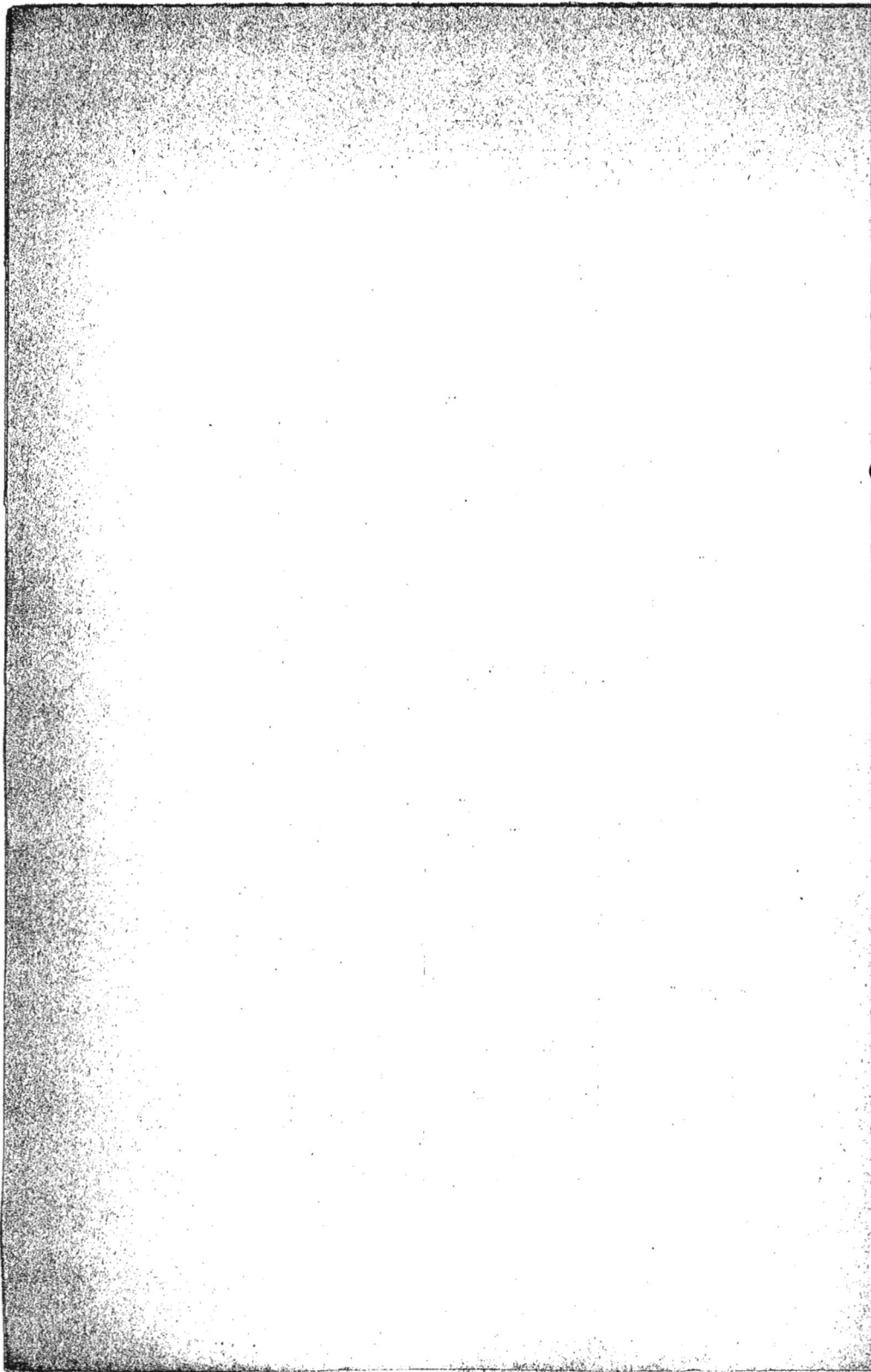

CLASSIFICATION DES INSECTES ANTÉTERTIAIRES

A. — PALÆODYCTYOPTÈRES

(Suite)

NEVROPTEROÏDEA (Suite)	GERARINÆ.	**Polyernus**, Carb. **Gerarus**, id. **Adiphlebia**, id. **Megathentomum**, id.
IIEMIPTEROÏDEA		**Eugereon**, Perm. **Fulgorina**, Carb. et Perm. **Phthanocoris**, Carb.
COLEOPTEROÏDEA		? ? **Troxites**, id. ? **Carabidæ**, Culm.

B. — HETEROMETABOLA

	FORFICULARIÆ.	**Baseopsis**, Lias. **Forficularia**, Jur.
	BLATTARIÆ.	**Neorthroblattina**, Trias. **Scutinoblattina**, id. **Legnophora**, id. **Blattidium**, Purb. **Rithma**, Lias, Jur. **Elisama**, Jur. **Mesoblattina**, Lias, Jur. **Blabera**, Jur. **Pterinoblattina**, Lias, Jur.
ORTHOPTÈRES	MANTIDÆ et PHASMIDÆ.	Manquent dans les dépôts antétertiaires
	ACRIDIIDÆ.	**Gomphocerites**, Jur. et Lias. **Acridiites**, id.
	LACUSTIDÆ.	**Gryllacris**, Lias et Jur. **Locusta**, Solenh. **Phaneroptera**, id.
	GRYLLIDÆ.	**Gryllus**, Lias.
	THYSANURÆ.	Traces dans le Houiller.
	TERMITINÆ.	**Chlathrotermes**, Lias. **Termes**, Jurass.
	PROTOPERLIDÆ. PLATYPTERIDÆ.	Houiller. Classés par plusieurs auteurs dans les **Nevropteroïdea**.
	EPHEMERIDÆ.	**Ephemera**, Solenh. **Hexagenites**, id.
PSEUDONÉVROPTÈRES	ODONATÆ. (Libellules)	**Æchna**, Lias et Jur. **Gomphina**, id. **Pelatura**, id. **Gomphoïdes**, id. **Calopterygina**, id. **Tarsophlebia**, id. **Heterophlebia**, id. **Stenophlebia**, Jurass. **Anax**, id. **Libellula**, id. **Agrionina**, Jur. **Calopterygina**, id. **Isophlebia**, id. **Agrion**, id. **Petalia**, id. **Petalura**, id.

CLASSIFICATION DES INSECTES ANTÉTERTIAIRES

B. — HETEROMETABOLA

(Suite)

PSEUDONÉVROPTÈRES (Suite)	MEGASECOPTERIDÆ.	**Woodwardia**, Houiller. **Corydaloïdes**, id.
EUNÉVROPTÈRES	SIALIDÆ.	**Chauliodites**, Trias et Jurass. **Rhaphidium**, Lias, Jur. **Sialium**, id. **Hagla**, id. **Mormolucoides** (larve), Trias. **Corydalites**, Crétacé moyen.
	HEMEROBINÆ.	**Chrysopa**, Jurass. **Apochrysa**, id. **Nymphes**, id. **Hemerobius**, id.
	PANORPIDÆ.	**Orthophlebia**, Lias. **? Panorpa**, id.
	PHRYGANIDÆ.	**Phryganidium**, Lias. Larves, Crétacé.
HÉMIPTÈRES — HOMOPTÈRES	APHIIDÆ.	**Aphis**, Wealdien.
	FULGORIDÆ.	**Ricania**, Jurass. moyen. **Cixius**, id. **Asiraca**, id. **Delphax**, id. **Lystra**, id.
	MEMBRACIDÆ.	**Tettigonia**, Crétacé.
	CICADELLIDÆ.	**Cercopsis**, Lias et Jurass. **Cercopidium**, id. **Cicadellium**, id. **Cicada**, id.
	STRIDULANTIÆ. (Cigales.)	**Palæontina**, Jurass.
HÉMIPTÈRES — HÉTÉROPTÈRES	NEPIDÆ.	**Nepa**, Solent. **Naucoris**, id. **Scaraboeides**, id. **Belostoma**, id. **Actæa**, id.
	HYDROMETRIDÆ.	**Velia**, Jur. sup. **Hydrometra**, id.
	REDUVIIDÆ.	**Pygolampis**, Jur. sup.
	LYGŒIDÆ.	**Pachymerus**, Lias. **Pachymeridium**, id.
	COREIDÆ.	**Protocoris**, Lias. **Cyclocoris**, id.
	CIMICIDÆ.	Lias et Jur., empreintes douteuses.
COLÉOPTÈRES — RHYNCHOPHORES	CURCULIONIDÆ.	**Curculionites**, Trias et Jur. **Sitonites**, Lias. **Hypera**, Purbeck. **Archiorhynchus**, Crét.
	OTIORHYNCHIDÆ	**Otiorhynchites**, id. **Anisorhynchus**, Solenh.
	MELOÏDÆ.	**Meloe**, id.
	CISTELIDÆ.	**Cistelites**, Lias.

CLASSIFICATION DES INSECTES ANTÉTERTIAIRES

B. — HETEROMETABOLA

(Suite)

COLÉOPTÈRES (*Suite*)	RHYNCHOPHORES (*Suite*)	Tenebrionidæ.	**Helopides**, Rhét.
			Tentyrium, Jurass. sup.
			Pimela, id.
			Blaps, id.
			Blapsium, id.
			Crypticus, id.
			Helopium, id.
			Helopidium, id.
			Diaperidium, id.
	PHYTOPHAGES	Chrysomelidæ.	**Chrysomelites**, Trias.
			Eumolpites, Lias.
			Chrysomela, Jurass.
			Cryptocephalus, id.
			Cassida, id.
		Cerambycidæ.	**Prionus**, Lias, Jur.
			Leptura, Jur. sup.
			Mesosa, id.
			Saperdites, id.
	LAMELLICORNES	Scarabæidæ.	**Melolontha**, Lias.
			Aphodiites, id.
			Oryctes, Jur. sup.
			Cetonia, id.
	SERRICORNES	Ptynidæ.	**Bostrychus**, Crétacé.
		Lampyridæ.	**Telephorus**, Lias, Jur.
		Buprestidæ.	**Glaphyroptera**, Trias, Lias.
			Buprestites, id.
			Euchroma, Lias.
			Melanophila, id.
			Micranthaxia, id.
			Chrysobothrites, id.
			Ancylocheira, id.
			Agrilium, Médiojur.
			Buprestis, Jur.
			Buprestidium, id.
			Chrysobothris, id.
		Throscidæ.	**Trixagites**, Lias.
		Elateridæ.	**Megacentrus**, Lias et Jur.
			Elaterites, id.
			Elateropsis, id.
			Elater, id.
			Elaterium, id.
		Dascyllidæ.	**Cyphon**, Lias.
	CLAVICORNES	Parnidæ.	**Limnius (Elmis ?)**, Purb.
		Byrrhidæ.	**Byrrhidium**, Lias.
		Lathridæ.	**Lathridites**, id.
		Trogositidæ.	**Cycloderma**, id.
		Nitidulidæ.	**Nitidulites**, id.
			Pterophorus, id.
		Histeridæ.	**Hister**, Solenh.
		Myctophagidæ.	**Prototoma**, Lias.
		Cryptophagidæ.	**Bellingera**; id.
		Colydidæ.	**Cerylon**, Purbeck.
		Coccinellidæ.	**Coccinella**, Lias, Jur.
		Scaphidiidæ.	**? Scaphidium**, Solenh.
		Staphylinidæ.	**Philonthus**, Purbeck.
			Prognatha, id.
		Silphidæ.	**? Silpha**, Solenh.
			? Silphites, Crétacé.

CLASSIFICATION DES INSECTES ANTÉTERTIAIRES

B. — HETEROMETABOLA

(Suite)

COLÉOPTÈRES (Suite)	CLAVICORNES (Suite)	HYDROPHILIDÆ.	Hydrophilites, Rhétien. Wollastonites, Lias. Hydrobiites, id. Berosus, id. Helophorus, Purbeck. Hydrophilus. Hydrobius.
	ADEPHAGA	GYRINIDÆ.	Gyrinites, Lias. Gyrinus, Lias, Jur.
		DYTISCIDÆ.	Laccophilus, Jur. sup. Dytiscus, Purbeck. Hydrophorus. id.
		CARABIDÆ.	Carabites, Rhétien. Thurmannia, Lias. Harpalus, id. Carabus, Médiojur. Carabicinus, Solenh. Cymindis, Purbeck. Camptodontus, id. Harpalidium, id. Brachinites, Crét.

C. — METABOLA

DIPTÈRES	CYCLORAPHA	MUSCIDÆ.	? Musca, Solenh.
		SYRPHIDÆ.	? Cheilosia, id. ? Remalia, Purbeck.
	ORTHORHAPHA	EMPIDÆ.	Empidia, Solenh. Hasmona, Weald.
		ASILIDÆ.	Asilus, Lias. Asilicus, Solenh.
		RYPHIIDÆ.	? Rhyphus, Purbeck.
		TIPULIDÆ.	? Tipularia, Solenh.
		CHIRONOMIDÆ.	Macropeza, Lias. Chironomus, Purbeck. Corethrium, id. Cecidomium, id.
		CULICIDÆ.	Tanypus (Asuba), Purbeck. Culex, id.
		SIMULIDÆ.	Simulium, id. Simulidium, id.
		MYCETOPHILIDÆ	Platyura (Adonia), id. Macrocera (Sama), id. Sciophila (Thimna), id. Thiras, id.
	LÉPIDOPTÈRES		? Sphingites, Solenh. ? Tineites, Jur., Crét.
	HYMÉNOPTÈRES		Palæomyrmex, Lias. Apiaria (Sirex), Solenh. ? Belostomum, id. ? Sphinx, id. ? Bombus, id. ? Anomalon, id. Formicium, Purbeck. Myrmecium, id. Nematus, Crétacé

Besançon. — Imprimerie Jacquin.

www.ingramcontent.com/pod-product-compliance
Lightning Source LLC
Chambersburg PA
CBHW071809090426
42737CB00012B/2017